从 零 开始

中文版

3ds Max 2012

基础培训教程

老虎工作室

谭雪松　侯燕铭　王曼韬　编著

U0322394

人民邮电出版社

北　京

图书在版编目（CIP）数据

3ds Max 2012中文版基础培训教程 / 谭雪松，侯燕
铭，王曼韬编著. -- 北京 : 人民邮电出版社，2014.10（2018.8重印）
（从零开始）
ISBN 978-7-115-36743-3

Ⅰ. ①3… Ⅱ. ①谭… ②侯… ③王… Ⅲ. ①三维动
画软件－教材 Ⅳ. ①TP391.41

中国版本图书馆CIP数据核字(2014)第204130号

内 容 提 要

  3ds Max 作为当今著名的三维建模和动画制作软件，广泛应用于游戏开发、电影电视特效以及广告设计等领域。该软件功能强大，扩展性好，操作简单，并能与其他相关软件流畅配合使用。

  本书系统地介绍 3ds Max 2012 中文版的功能和用法，以实例为引导，循序渐进地讲解使用 3ds Max 2012 中文版创建三维模型、创建材质和贴图、使用灯光和摄影机、制作基本动画以及使用粒子系统与空间扭曲制作动画的基本方法。

  本书按照职业培训的教学特点来组织内容，图文并茂，活泼生动，并且配备了多媒体教学光盘，适合作为 3ds Max 2012 动画制作的培训教程，也可以作为个人用户及高等院校相关专业学生的自学参考书。

 ◆ 编　　著　老虎工作室　谭雪松　侯燕铭　王曼韬
  责任编辑　李永涛
  责任印制　杨林杰
 ◆ 人民邮电出版社出版发行　北京市丰台区成寿寺路 11 号
  邮编　100164　电子邮件　315@ptpress.com.cn
  网址　http://www.ptpress.com.cn
  北京九州迅驰传媒文化有限公司印刷
 ◆ 开本：787×1092　1/16
  印张：16
  字数：402 千字　　　　　　　2014 年 10 月第 1 版
  印数：4 501－4 900 册　　　　2018 年 8 月北京第 5 次印刷

定价：35.00 元（附光盘）

读者服务热线：(010)81055410　印装质量热线：(010)81055316
反盗版热线：(010)81055315
广告经营许可证：京东工商广登字 20170147 号

关 于 本 书

    3ds Max 作为著名的三维建模、动画和渲染软件，广泛应用于游戏开发、角色动画、电影电视特效以及设计行业等领域。该软件功能强大、扩展性好、操作简单，并能与其他软件流畅配合使用。3ds Max 2012 提供给设计者全新的创作思维与设计工具，并提升了与后期制作软件的结合度，使设计者可以更直观地进行创作，无限发挥创意，设计出最优秀的作品。

内容和特点

    本书面向初级用户，深入浅出地介绍 3ds Max 2012 的主要功能和用法。按照初学者一般性的认知规律，从基础入手，循序渐进地讲解使用 3ds Max 2012 进行三维建模、材质设计、灯光设计、摄影机设置以及各类动画制作的基本方法和技巧，帮助读者建立对 3ds Max 2012 的初步认识，基本掌握使用该软件进行设计的一般步骤和操作要领。

    为了使读者能够迅速掌握 3ds Max 2012 的用法，全书遵循"案例驱动"的编写原则，对于每个知识点都结合典型案例来讲解，用详细的操作步骤引导读者跟随练习，进而熟悉软件中各种设计工具的用法以及常用参数的设置方法。通过系统学习，读者能够掌握三维设计的基本技能，进而提高综合应用能力。全书选例生动典型、层次清晰、图文并茂，将设计中的基本操作步骤以图片形式给出，表意简洁，便于阅读。

    本书共 8 章，各章内容简要介绍如下。

- 第 1 章：介绍 3ds Max 2012 基本知识。
- 第 2 章：介绍基本体建模的有关知识。
- 第 3 章：介绍二维建模与修改器建模的有关知识。
- 第 4 章：介绍复合建模和多边形建模的有关知识。
- 第 5 章：介绍材质与贴图及其应用技巧。
- 第 6 章：介绍摄影机、灯光、环境与渲染的相关知识及其应用。
- 第 7 章：介绍动画制作的一般原理和基础知识。
- 第 8 章：介绍粒子系统与空间扭曲在动画制作中的应用。

读者对象

    本书主要面向 3ds Max 2012 的初学者以及在三维动画制作方面有一定了解并渴望入门的读者。在本书的帮助下，读者可以迅速掌握使用 3ds Max 进行动画制作的一般流程。

    本书是一本内容全面、操作性强、实例典型的入门教材，特别适合作为各类"3ds Max 动画制作"课程培训班的基础教程，也可以作为广大个人用户及高等院校相关专业学生的自学用书和参考书。

配套光盘内容

    本书所附光盘内容分为以下几部分。

1. 素材文件

本书所有练习用到的".max"格式源文件、"maps"贴图文件及一些".mat"格式的材质库文件等都收录在附盘的"\素材\第×章"文件夹下，读者可以调用和参考这些文件。

2. 结果文件

所有案例的制作结果文件都收录在附盘的"\结果文件\第×章"文件夹下，读者可自己比对制作结果。

3. 动画文件

本书典型习题的绘制过程都录制成了".avi"动画文件，并收录在附盘的"\动画文件\第×章"文件夹下。

".avi"是最常用的动画文件格式，读者用 Windows 系统提供的"Windows Media Player"就可以播放".avi"动画文件。单击【开始】/【所有程序】/【附件】/【娱乐】/【Windows Media Player】选项，即可启动"Windows Media Player"。一般情况下，读者只要双击某个动画文件即可观看。

注意：播放文件前要安装光盘根目录下的"tscc.exe"插件。

4. PPT 课件

本书按章提供了 PPT 课件，以供教师上课使用。

5. 习题答案

光盘中提供了书中习题的习题答案，便于读者检查自己的操作是否正确。

感谢您选择了本书，也欢迎您把对本书的意见和建议告诉我们。

老虎工作室网站 http://www.ttketang.com，电子邮件 ttketang@163.com。

老虎工作室

2014 年 6 月

目　录

第1章 3ds Max 2012 设计概述

3ds Max 2012 是一个基于 Windows 操作平台的优秀三维制作软件，一直受到建筑设计、三维建模以及动画制作爱好者的青睐，广泛应用于游戏开发、角色动画、影视特效以及工业设计等领域。本章将初步介绍 3ds Max 2012 的基础知识。

【学习目标】
- 明确三维动画在现代生活中的用途。
- 熟悉 3ds Max 2012 的设计环境。
- 熟悉 3ds Max 2012 中常用的基本操作。
- 明确使用 3ds Max 2012 进行设计的基本流程。

1.1 基础知识——熟悉 3ds Max 2012 的使用

Autodesk 公司出品的 3ds Max 是世界顶级的三维软件之一，3ds Max 功能强大，自其诞生以来一直受到 CG（计算机图形）设计师们的喜爱。

1.1.1 三维动画简介

三维动画（或称 3D 动画）是随着计算机软硬件技术的发展而产生的一项新兴技术，主要使用各种三维动画软件在计算机中建立虚拟的三维世界，在其中按照要表现的对象的形状尺寸建立模型以及场景，再根据要求设定模型的运动轨迹、虚拟摄影机的运动和其他动画参数，最后按要求为模型赋上特定的材质，并打上灯光，最后由计算机自动运算，生成动画。

三维动画由于其精确性、真实性和无限的可操作性，被广泛应用于医学、教育、军事、娱乐等诸多领域。在影视广告制作方面更能够给人耳目一新的感觉。三维动画可以用于广告、电影、电视剧的特效制作（如爆炸、烟雾、下雨、光效等）、特技（撞车、变形、虚幻场景或角色等）、广告产品展示、片头飞字等。

随着计算机技术在影视制作领域的广泛应用以及各类三维设计软件的崛起，三维数字影像技术大大拓宽了实景拍摄的影视效果范围；其不受地点、天气、人员等因素的限制；在成本上相对于实景拍摄也节省很多。制作人员专业领域涉及计算机、影视、美术、电影、音乐等。影视三维动画从影视特效到三维场景都能表现得淋漓尽致。

图 1-1 所示为使用三维技术制作的建筑效果图；图 1-2 所示为使用三维技术制作的影视动画。这些动画效果不但能增强设计的趣味性，还能获得良好的视觉冲击力。

图1-1　三维建筑效果

图1-2　迪斯尼动画《马达加斯加》

1.1.2　3ds Max 应用简介

在众多的三维动画制作软件中，3ds Max 在模型塑造、场景渲染、动画及特效等方面都能制作出高品质的对象，这也使其在效果图制作、插画、影视动画、游戏和产品造型等领域中占据了领导地位，被广泛应用于机械设计、实体演示、模型分析、商业、教育、广告制作、建筑设计、多媒体制作等方面。

(1)　工业造型与仿真。

由于 3ds Max 提供了多种建模方式，并且具有对象的"捕捉"和"测量"功能，使得设计师能更为精确地表达模型的结构和形态。3ds Max 还可以为模型赋予不同的材质，再加上强大的灯光和渲染功能，使对象的质感更为逼真。通过动画演示，还能把对象的运动过程加以仿真，细腻地展示其动态渐进变化过程。图 1-3～图 1-5 所示为相关的实例展示。

图1-3　汽车造型设计

图1-4　工业机械设计

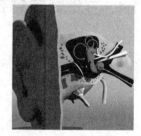

图1-5　医学模型仿真

(2)　建筑效果展示。

3ds Max 与 AutoCAD 同为 Autodesk 旗下的产品，两款软件具有良好的兼容性。将两者配合使用，可以制作出视觉效果完美并且精确的建筑模型，还能将建筑室内外效果表现得淋漓尽致。图 1-6～图 1-8 所示为相关的实例展示。

图1-6　"鸟巢"设计

图1-7　建筑效果图

图1-8　室内装饰图

(3) 影视广告特效。

　　动画是 3ds Max 的重要组成部分，在 3ds Max 中，对象的属性、变化、形体编辑以及材质等大多数参数都可以记录为动画，可以通过动画控制器来控制对象做精确运动，这就使得 3ds Max 成为片头动画、广告以及影视特效的首选软件。图 1-9～图 1-11 所示为相关的实例展示。

图1-9　影视广告示例 1

图1-10　影视广告示例 2

图1-11　影视广告示例 3

(4) 游戏开发。

　　随着 3ds Max 的版本更新，其在角色动画制作方面的功能日益强大，软件提供的"骨骼"系统，结合其中的"刚体"和"柔体"制作功能，利用计算机精准的 Reactor 系统可以逼真地模拟对象在外力作用下的变形和运动过程，从而创建出各式各样的虚拟现实效果和玄妙的游戏场景。图 1-12～图 1-14 所示为相关的实例展示。

图1-12　游戏场景示例 1

图1-13　游戏场景示例 2

图1-14　游戏场景示例 3

1.1.3　3ds Max 2012 设计环境简介

　　正确安装 3ds Max 2012 后，双击 Windows 桌面上的快捷图标 则可启动该软件，图 1-15 所示为设计时通常使用的工作界面。

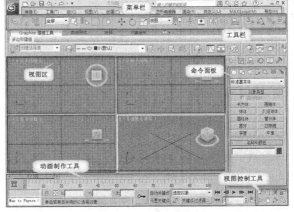
图1-15　3ds Max 2012 工作界面

3ds Max 2012 的默认工作界面底色为深黑色，本书中将底色改为浅灰色。设置方法如下：在【自定义】菜单中选取【自定义 UI 与默认设置切换器】命令，在弹出的图 1-16 所示的对话框的【用户界面方案】分组框中选择【ModularToolbarsUI】选项，然后单击 ▢设置▢ 按钮即可。

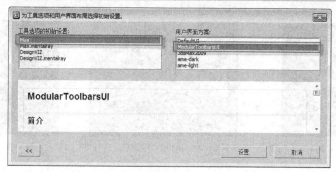

图1-16　设置界面样式

(1)　菜单栏。

与其他应用软件相似，3ds Max 也提供了丰富的菜单命令，包括【编辑】、【工具】、【组】、【视图】、【创建】、【修改器】、【动画】、【图形编辑器】、【渲染】、【自定义】、【MAXScript】、【帮助】12 个菜单。选择菜单中的各个菜单命令可以执行不同的操作。

 界面左上角的◎图标相当于【文件】菜单，单击该图标可以启用常用的文件操作，例如打开、保存文件等。

(2)　工具栏。

工具栏以图标的形式列出了设计中常用的工具，单击这些图标可以快速启动这些工具。由于显示空间有限，将鼠标指针置于工具栏上，当其形状变为手形後，按住鼠标左键并拖曳，可以拖动工具栏，以便使用更多的设计工具。

(3)　命令面板。

这是 3ds Max 的核心工具。在这里可以启动不同的设计命令，并根据需要切换操作类型；同时还可以在启动不同命令时设置相关的参数。命令面板包括 6 个独立的子面板，如图 1-17 所示。

- 【创建】面板：用于创建各种对象，包括三维几何体、二维图形、灯光、摄影机、辅助对象、空间扭曲对象以及系统工具等。
- 【修改】面板：在这里可以修改所选择的对象的设计参数或对其使用修改器，从而改变对象的形状和属性。
- 【层次】面板：用于控制对象的坐标中心轴以及对象之间的关系等。
- 【运动】面板：制作动画时，为对象添加各种动画控制器以及控制对象运动轨迹。
- 【显示】面板：控制对象在视口中的显示状态，例如隐藏、冻结对象等。
- 【实用程序】面板：提供各种系统工具，还可以设置各种系统参数。

 启动不同的工具后，命令面板上将列出该命令所对应的参数，将这些参数分组列出，并可以根据需要卷起或展开，因此被称作参数卷展栏，如图 1-18 所示。

图1-17　命令面板

图1-18　参数卷展栏

(4) 视图区。

视图区是 3ds Max 的主要工作区域，对象的创建和修改都在视图区中进行。默认情况下，视图区中将显示 4 个视口：顶视口、前视口、左视口和透视视口。

(5) 时间轴和动画制作工具。

这些工具在制作三维动画中主要用于控制动画的时序以及播放，具体用法将在动画制作的相关章节中介绍。

(6) 视图控制工具。

该工具组一共包括 8 个视图控制工具，其用法如下。

- （缩放）：按住鼠标左键，前后移动鼠标指针可以缩小或放大选定视口内的对象。
- （缩放所有视图）：按住鼠标左键，前后移动鼠标指针可以同步缩放所有视口内的对象。
- （最大化显示）：单击该按钮将最大化显示选定视口中的图形，即将图形全部充满视口，如图 1-19 所示。

  单击 按钮右下角的黑色三角形符号可以弹出按钮工具组，其中另一个按钮 （最大化显示选定对象）用于在当前视口中最大化显示选定的对象。
- （所有视图最大化显示）：单击该按钮将最大化显示所有视口中的图形，如图 1-20 所示。该按钮工具组中的另一个按钮 （所有视图最大化显示选定对象）用于在所有视口中最大化显示选定的对象。

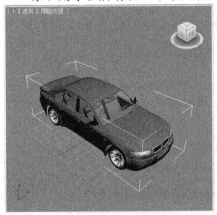

图1-19　最大化显示视图

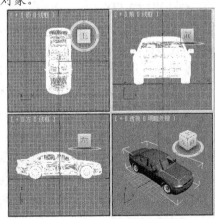

图1-20　最大化显示所有视图

- ![缩放区域图标]（缩放区域）：在前视口、左视口和顶视口中使用矩形框选定对象后，将最大化显示其中的内容。该工具若用于透视视口或摄影机视图，则变为![视野图标]（视野）工具，用于调整视野大小。
- ![平移视图图标]（平移视图）：用于平移选定视口中的场景。
- ![环绕图标]（环绕）：该工具组中包括 3 个工具按钮，用于对对象进行旋转操作。
- ![最大化视口切换图标]（最大化视口切换）：单击该按钮可以最大化显示所选择的视口；再次单击则恢复上次的视口显示状态，从而实现在单视口和多视口之间的切换，如图 1-21 所示。

单视口

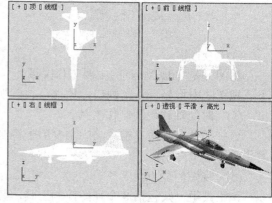

四视口

图1-21　单视口和多视口之间的切换

1.1.4　对象的常用操作

对象是指在 3ds Max 中所能选择和操作的任何元素，包括场景中的几何体、摄影机和灯光以及编辑修改器、动画控制器、位图和材质定义等，甚至包括看不见的空间扭曲和帮助对象。

一、配置视口

视口是人机进行交互的基础，3ds Max 的工作环境就是人与 3ds Max 进行对话的接口。

(1)　默认视口布局。

运行 3ds Max 2012 时，通常使用的是四视口布局模式（见图 1-20），四视口的特点如下。

- 顶视口：从正上方向下观察对象获得的视口。
- 前视口：从正前方向后观察对象获得的视口。
- 左视口：从正左方向右观察对象获得的视口。
- 透视视口：从与上方、前方和左方均成相同角度的侧面观察对象获得的视口。

要点提示　与顶视口对应的视口是底视口，是从下方向上方观察对象获得的视口。同理还有与前视口对应的后视口，与左视口对应的右视口等。摄影机视图和灯光视图是从摄影机镜头或光源点观察对象获得的视口，需要在场景中先创建摄影机或灯光对象后才能使用。

(2)　更改视口类型。

在设计中，设计者可以根据需要改变视口的类型，在任意视口左上角的视口名称（如"前"、"顶"、"左"等）上单击鼠标左键，在弹出的菜单中选择新的视口类型即可，如图1-22 所示。

（3）配置视口布局。

选择【视图】/【视口配置】命令，弹出【视口配置】对话框，切换到【布局】选项卡，如图 1-23 所示，可以进行更加丰富的视口布局配置，如图 1-24 所示。

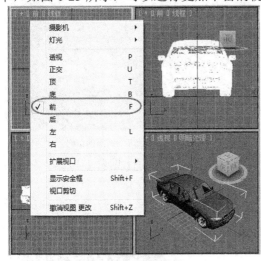

图1-22　调整视口类型

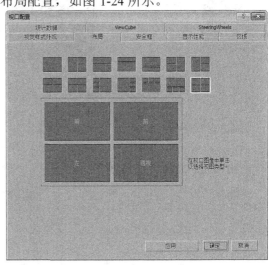

图1-23　【视口配置】对话框

（4）调整视口大小。

将鼠标指针移动到多个视口的交汇中心，待其形状为十时，即可按住鼠标左键并拖动，动态调整各个视口的大小，如图 1-25 所示。

图1-24　调整视口布局

图1-25　调整视口大小

二、设置模型的显示方式

模型的显示方式是指模型显示的视觉效果，在视口左上角模型显示方式（如"真实"）上单击鼠标左键，在弹出的菜单中选择显示方式即可，如图 1-26 和图 1-27 所示。

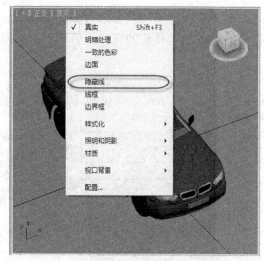

图1-26 更改模型显示方式

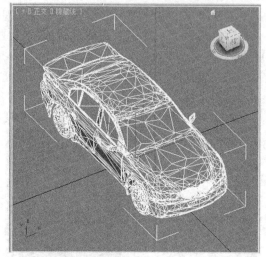

图1-27 调整显示方式后的结构

3ds Max 2012 提供了多种方式来显示模型，其特点和显示效果对比见表 1-1。

表 1-1   模型的显示方式

显示方式	特点	图例
真实	显示平滑的表面以及表面受到光照后的效果。使用这种显示方式可以直观地看到模型上光和色彩的层次感，显示效果良好，但是不便于选中编辑单元对象	
明暗处理	重点对模型进行色彩的明暗对比进行调节，能获得直观的三维效果，但是显示质量不如"真实"模式	
一致的色彩	使用单一色彩显示模型的特定表面，不具有色彩的层次感，显示效果较单调	
边面	通常与"真实"、"明暗处理"以及"一致的色彩"等着色模式组合使用，显示出模型上边界及表面的网格划分	

显示方式	特点	图例
隐藏线	隐藏模型上法线指向偏离视口的面和顶点，其上不着色	
线框	显示组成模型的全部边界框	
边界框	仅用立方体形状的方框来显示模型在长度、宽度和高度上的大小	

 要点提示　在为模型选择显示方式时，虽然"真实"、"明暗处理"等方式的模型看起来更真实、直观，但是其耗费的系统资源也更大。而"隐藏线"、"线框"等方式耗费的资源小，且能显示模型的大致形状，实际设计中通常在不同视口中根据需要设置不同的显示方式来兼顾效果和资源消耗。

三、选择对象

3ds Max 2012 中的大多数操作都是针对场景中的特定对象执行的，因此在操作前，需要首先选中对象。选择对象的方法主要有 4 种：直接选择、区域选择、按照名称选择和使用过滤器选择。

(1) 直接选择。

直接选择是指以鼠标单击的方式选择物体，这是一种最为简单的选择方式，用户只需要观察视口中鼠标指针的位置以及形状变化，就可以判断出物体是否被选择。

【例1-1】　直接选取对象。

1. 运行 3ds Max 2012，打开附盘文件"素材\第 1 章\选择对象\选择对象.max"，如图 1-28 所示。
2. 在工具栏中单击 按钮。
3. 将鼠标指针置于汽车顶部，指针将显示为白色十字形，并显示出对象名称"车盖" 。
4. 单击鼠标左键，选中"车盖"对象，被选中的对象周围将显示白色的边界框，如图 1-29 所示。

图1-28　打开的场景

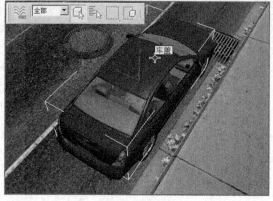

图1-29　选中的对象

(2) 区域选择。

区域选择是指使用鼠标指针拖曳出一个区域，从而选中区域内的所有物体。在 3ds Max 2012 中有 5 种区域选择类型：矩形、圆形、围栏、套索和绘制选择区域。

【例1-2】　区域选择。

1. 接例 1-1 打开的文件，按下 Alt+W 键，切换为四视口显示模式，如图 1-30 所示。
2. 在工具栏中单击 按钮。
3. 在左视口中按住鼠标左键并拖曳指针，绘制一个矩形选择范围，将车的形状全部包含在范围内。
4. 释放鼠标左键即可选中全部汽车对象，包括其上的各个组成部分，在非透视视口中，选中的对象显示为白色线框，如图 1-31 所示。

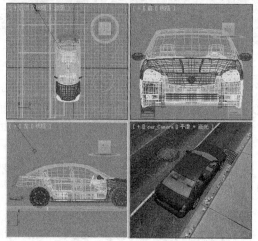
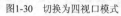

图1-30　切换为四视口模式

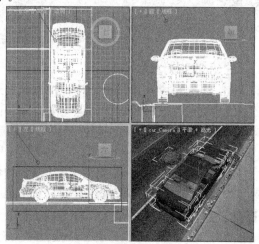

图1-31　选中全部汽车对象

5. 在工具栏中的 按钮右下角的小三角符号上按住鼠标左键，移动鼠标指针选择 按钮，可以使用鼠标指针拖出圆形区域，选中包含在其中的对象，如图 1-32 所示。
6. 用与步骤 5 相同的方法选择 按钮后，可以围绕选定的对象画出围栏，选中围栏中的所有对象，如图 1-33 所示。

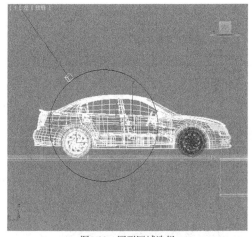

图1-32　圆形区域选择

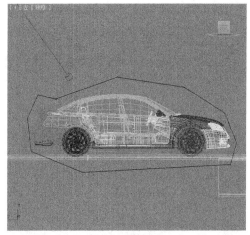

图1-33　围栏选择

> **要点提示**　在 ▢ 按钮旁有一个 ▢ 按钮，该按钮未被按下时为交叉模式，无论使用矩形区域还是圆形区域选择对象，只要对象有一部分位于划定的区域之中，则将该被对象选中，如图 1-34 所示；按下该按钮后，则为窗口模型，只有对象整体全部位于划定的区域中，该对象才会被选中，如图 1-35 所示。

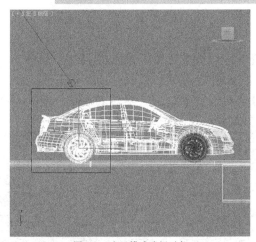

图1-34　交叉模式选择对象

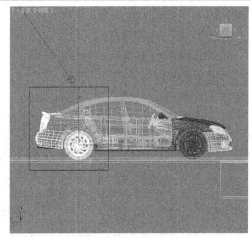

图1-35　窗口模式选择对象

(3) 按名称选择。

当场景中有很多物体时，使用鼠标指针来选择物体就变得比较困难，这时可以通过选择物体名称来进行选择，但其前提条件是必须知道被选择物体的名称，因此在创建物体时，为物体指定一个具有意义的名称是很重要的。

【例1-3】　按名称选择。

接例 1-2 完成以下操作。

1. 在工具栏中单击 ▤ 按钮，弹出【从场景选择】对话框。
2. 可以在该对话框中按照名称选择对象，选择多个对象时按住 Ctrl 键，然后单击 确定 按钮，如图 1-36 所示。
3. 如果场景中对象较多时，可以使用查找功能。例如，在【查找】文本框中输入"车"后可以选择全部名称以"车"开头的对象，如图 1-37 所示。

图1-36 按名称选择 1

图1-37 按名称选择 2

(4) 使用选择过滤器。

在实际设计中，场景中的对象不但数量多，而且种类丰富。使用场景过滤器可以确保操作者只能选择过滤器设定种类的对象，从而加快选择过程。

【例1-4】 使用选择过滤器。

接例 1-3 完成以下操作。

1. 在工具栏中的选择过滤器下拉列表中选择【G-几何体】选项，然后在左视口框选整个场景，则可以选中场景中所有几何体，如图 1-38 所示。

2. 在工具栏中的选择过滤器下拉列表中选择【C-摄影机】选项，然后在左视口框选整个场景，则可以选中场景中所有摄影机对象，其他对象则无法被选中，如图 1-39 所示。

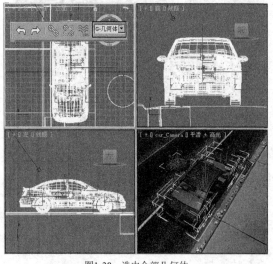

图1-38 选中全部几何体

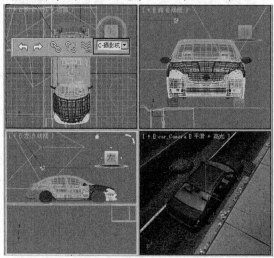

图1-39 选中全部摄影机

四、 编辑对象

当物体被选中后，就可以对它进行编辑和加工等操作。3ds Max 2012 对物体的编辑功能非常强大，它可以改变物体的大小、位置、颜色、形状并进行对象复制等操作。

【例1-5】　编辑对象。

1. 运行 3ds Max 2012，打开附盘文件"素材\第 1 章\编辑对象\编辑对象.max"，将透视视口最大化显示，如图 1-40 所示。

2. 移动对象。

(1) 在工具栏中单击 按钮，单击海豹模型，其上出现一个带有 3 个颜色方向箭头的坐标架，如图 1-41 所示。

　　　　　　　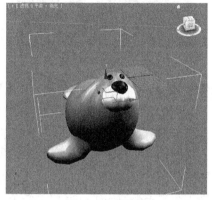

图1-40　打开场景　　　　　　　　　　　　　　图1-41　显示坐标架

(2) 将鼠标指针放到任一坐标轴上，待指针形状变为 时，即可沿着该方向移动对象，如图 1-42 所示。

(3) 将鼠标指针放到两坐标轴之间，待出现黄色平面并且指针形状变为 时，即可沿着该平面移动对象，如图 1-43 所示。

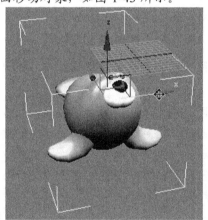　　　　　　　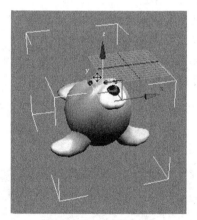

图1-42　沿 x 轴方向移动对象　　　　　　　　　　图1-43　沿 xz 平面移动对象

3. 复制对象。

(1) 在工具栏中单击 按钮，选中场景中的"海豹"对象。

(2) 在顶视口中按住 Shift 键不放，沿 x 轴拖曳对象，到一定距离后释放鼠标左键，即可弹出【克隆选项】对话框。

(3) 在【克隆选项】对话框中的【对象】分组框中选择【复制】单选项，设置【副本数】为"2"，如图 1-44 所示。

(4) 单击 确定 按钮，即可沿着 x 轴方向复制出两个海豹，如图 1-45 所示。

图1-44　设置复制参数

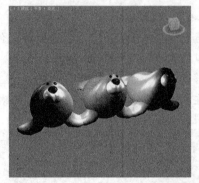
图1-45　复制结果

 若在【克隆选项】对话框中的【对象】分组框中选择【复制】单选项，则克隆生成的对象与源对象独立，如果修改源对象，克隆对象不会随之修改；若选择【实例】单选项，则复制对象与源对象之间具有关联关系，修改源对象或克隆对象中的任意一个，另一个则随之修改。若选择【参考】单选项，则克隆对象完全依附于源对象，随着源对象的修改而修改，克隆对象不能单独编辑。

4.　缩放对象。
(1)　选中复制生成的 1 个"海豹"对象。
(2)　在工具栏中单击□按钮，则"海豹"上出现缩放坐标架。
(3)　将鼠标指针放到坐标架中心，当指针变为△形状时，按住鼠标左键并上下拖曳，即可缩小或放大该对象，如图 1-46 所示。如果将鼠标指针放到某个坐标轴上，则可以沿该坐标轴缩放对象。

5.　旋转对象。
(1)　选中复制出来的另一个"海豹"对象。
(2)　在工具栏中单击○按钮。
(3)　把鼠标指针放在"海豹"上，当指针变成旋转箭头时，按住鼠标左键并左右拖曳，即可旋转该对象，如图 1-47 所示。

 旋转对象时，被选中的对象上有 4 个圆圈，当鼠标指针置于外侧的灰色圆圈上时，可以在视图平面内旋转对象；将鼠标指针置于其他 3 个颜色不同的圆圈上时，可以绕 x、y 和 z 这 3 个坐标轴旋转对象。

图1-46　缩放对象

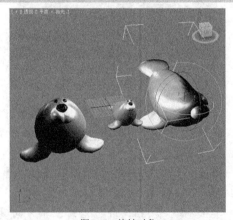
图1-47　旋转对象

1.2　使用 3ds Max 2012——制作"阅兵场景"

初次接触 3ds Max 的读者一定迫不及待地想动手做一个简单的练习。下面的案例主要帮助读者进一步认识 3ds Max 的设计工具，熟悉 3ds Max 的设计流程。本例将搭建一个阅兵场景，其设计效果如图 1-48 所示。

本章安排此案例是为了从实战出发，为读者介绍使用 3ds Max 2012 进行动画开发的流程和一些基础的操作。本案例将按照创建、冻结对象、导入文件、成组、变换、对齐、复制对象、设置环境背景色、渲染输出、保存渲染图像这一基本顺序来完成整个阅兵场景的制作和效果图输出。

图1-48　阅兵场景

【设计思路】

- 使用平面工具创建地面。
- 导入坦克模型，使用变换工具对其进行大小和位置调整。
- 使用复制工具复制模型。
- 导入战斗机模型，对其进行变换和复制操作。
- 渲染视图，获得设计结果。

【操作步骤】

1. 创建地面。

(1) 运行 3ds Max 2012。

(2) 确保当前设计界面有 4 个视口，否则可以在软件界面右下角的视图控制区中单击 按钮切换到四视口状态。

(3) 选择【自定义】/【单位设置】命令，弹出【单位设置】对话框，按照图 1-49 所示设置单位为"米"。

(4) 在右侧的【创建】面板中单击　平面　按钮，在左上角的顶视口中按住鼠标左键，从左上角到右下角拖曳创建一个平面，如图 1-50 所示。

图1-49　单位设置

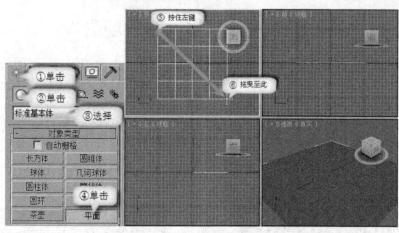

图1-50　创建平面

(5) 在工具栏中用鼠标右键单击 按钮，或者在右键快捷菜单中单击移动命令后面的小按钮 ，打开【移动变换输入】窗口，在【绝对:世界】分组框中设置平面中心相对于坐标系的绝对坐标，如图 1-51 所示。

 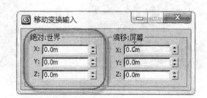

图1-51　输入变换坐标

(6) 在命令面板中单击 按钮，切换到【修改】面板，在【参数】卷展栏中设置平面的【长度】和【宽度】参数，如图 1-52 所示；再单击右下角的【所有视图最大化显示】按钮 ，最终创建的平面如图 1-53 所示。

图1-52　输入对象参数

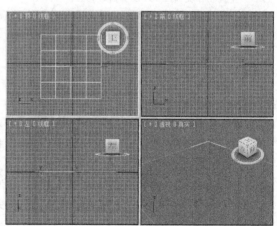

图1-53　最大化显示对象

2. 导入坦克模型。

(1) 在平面被选中的情况下，单击鼠标右键，在弹出的快捷菜单中选择【冻结当前选择】命令，将平面进行冻结以防止误操作，如图 1-54 所示。

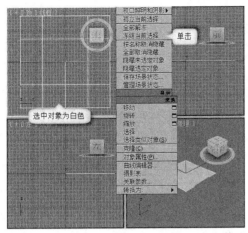
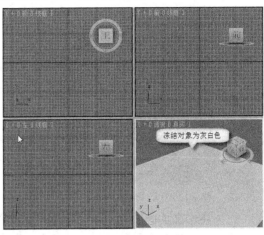

图1-54　冻结对象

(2) 单击软件界面左上角的 按钮，在弹出的菜单中选择【导入】/【合并】命令，选择附盘文件 "素材\第 1 章\阅兵场景\坦克.max"，如图 1-55 所示。

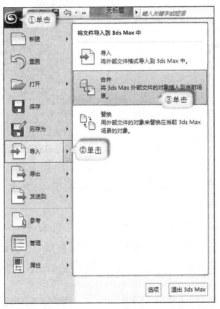

图1-55　导入对象

(3) 在弹出的【合并-坦克.max】对话框中单击 全部(A) 按钮，选择导入所有模型，单击 确定 按钮完成导入，如图 1-56 所示。

(4) 在菜单栏中选择【组】/【成组】命令，在弹出的【组】对话框中输入 "坦克"，单击 确定 按钮完成成组操作，如图 1-57 所示。

> 要点提示　在成组之前一定要确认选择了坦克模型的所有零件，可按 Ctrl+A 键进行全选，成组的目的是方便后面对坦克模型进行操作。

3. 变换并克隆坦克模型。

(1) 在工具栏中单击 按钮，在变换坐标架的中心三角形上按下鼠标左键并拖曳指针，对坦克模型进行缩小或放大，使之大小适中，如图 1-58 所示。

图1-56　导入全部对象

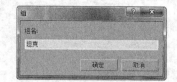

图1-57　成组模型

(2) 在工具栏中单击 ✛ 按钮，在变换坐标架的 z 轴上按下鼠标左键并拖动，配合其他 3 个视口，将坦克模型移动到平面之上，如图 1-59 所示。

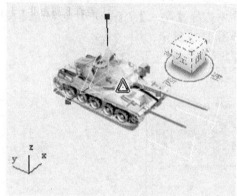

图1-58　缩放模型

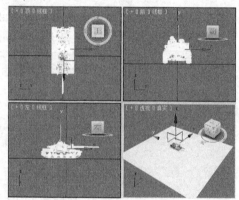

图1-59　移动对象

(3) 在任意视口单击鼠标右键，在弹出的快捷菜单中选择【全部解冻】命令，将平面模型解冻。

(4) 选择坦克模型，在工具栏中单击 🖺 按钮，单击平面模型后弹出【对齐当前选择（Plane001）】对话框，按照如图 1-60 所示设置参数，该操作将坦克的底座与平面对齐。

(5) 单击 ✛ 按钮，依次在 x 轴方向和 y 轴方向上移动坦克，将其移动到平面模型的左下角，如图 1-61 所示。

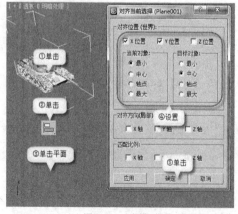

图1-60　对齐模型

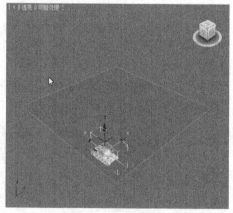

图1-61　调整模型位置

(6) 按住键盘上的 Shift 键，在变换坐标架的 x 轴上按下鼠标左键并向右拖曳指针，释放鼠标左键，弹出【克隆选项】对话框，设置【副本数】为"8"，如图 1-62 所示，单击 ▢确定 按钮，完成克隆，如图 1-63 所示。

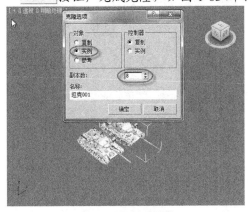
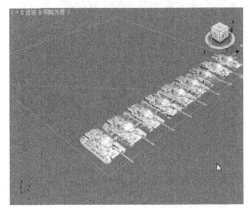

图1-62　设置克隆参数　　　　　　　　　　图1-63　克隆结果

(7) 按住 Ctrl+A 键选择场景中所有的坦克和平面，按住 Alt 键的同时用鼠标左键单击平面，取消对平面的选择，这样就成功地选择了所有坦克，先按下 Shift 键再在 y 轴上拖曳，在弹出的【克隆选项】对话框中设置【副本数】为"4"，如图 1-64 所示，结果如图 1-65 所示。

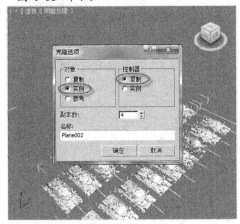
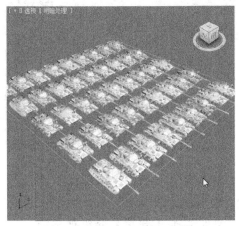

图1-64　设置克隆参数　　　　　　　　　　图1-65　克隆结果

4. 导入战斗机模型。

(1) 单击 ⬚ 按钮，选择【导入】/【合并】命令，选择附盘文件"素材\第 1 章\阅兵场景\战斗机.max"，在弹出的【合并-战斗机.max】对话框中双击列表中的【战斗机】完成导入。

(2) 若看不到飞机在哪里，可以利用右下角的【最大化显示选定对象】按钮 ▢ 来迅速找到飞机，这里需要说明的是新导入的模型一开始都是选中状态的，然后仿照前面的操作，对导入的模型进行适当放大，注意模型之间的比例，然后将其移动到坦克上方，如图 1-66 所示。

(3) 在工具栏中单击 ↻ 按钮和 ⬚ 按钮，在黄色圆上按下鼠标左键并拖曳指针，将战斗机模型旋转180°，如图 1-67 所示。

图1-66 导入战斗机模型

图1-67 旋转战斗机模型

(4) 在顶视口中按住 Shift 键，再克隆 5 架战斗机，然后移动战斗机模型排成阵列，效果如图 1-68 所示。

(5) 在界面右下角单击 按钮，然后在透视视口中调整视角，如图 1-69 所示。

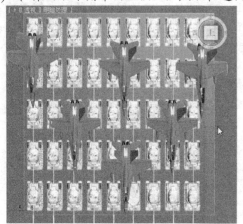

图1-68 复制并调整模型位置

图1-69 调整视角

5. 渲染并保存结果。

(1) 按 8 键打开【环境和效果】窗口，单击【背景】分组框中的【颜色】色块，设置背景色为"白色"，如图 1-70 所示。

(2) 单击工具栏中的 按钮，在【渲染预设】下拉列表中选择【3dsmax.scanline.no.advanced.lighting.high】选项，在弹出的【选择预设类别】对话框中单击 加载 按钮，如图 1-71 所示。

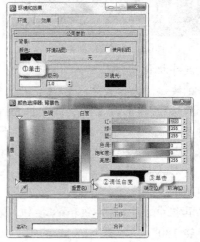

图1-70 设置背景色

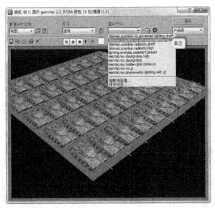

图1-71　渲染设置

(3)　单击左上角的 [　渲染　] 按钮渲染场景，结果如图 1-72 所示。

要点提示 在渲染之前需要将场景文件进行保存，然后将附盘文件夹"素材\第 1 章\阅兵场景"下的"maps"文件夹复制到文件的保存目录，否则软件会提示找不到贴图文件。

(4)　单击 🖫 按钮，在弹出的【保存图像】对话框中，选择图像保存的路径，设置保存类型并输入文件名，如图 1-73 所示。单击 [保存(S)] 按钮，弹出【JPEG 图像控制】对话框，单击 [确定] 按钮完成图像的保存。

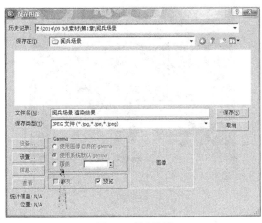

图1-72　渲染结果　　　　　　　　　　　　　　　图1-73　保存设置

1.3　实训——制作"公园一角"

本章最后安排一个简单的实训练习，读者应按照提示步骤完成设计过程。本实训将帮助读者初步熟悉 3ds Max 2012 的设计界面，并练习常用的基本操作。

【步骤提示】

1.　运行 3ds Max 2012。
2.　打开附盘文件"素材\第 1 章\公园一角\公园一角.max"，得到的场景如图 1-74 所示，渲染效果如图 1-75 所示。
(1)　依次认识 4 个视口的名称，理解在各个视口中观察图形的视角。
(2)　练习更改视口名称以及模型显示形式的方法。

(3) 练习将视口最大化显示。

图1-74 打开的场景　　　　　　　图1-75 渲染效果

3. 观察场景的组成。

(1) 认识场景中都包含哪些内容，以及都是采用什么方法建模的。

(2) 练习使用多种方法选择模型中的对象。

4. 对场景的变换操作。

(1) 练习使用移动工具将第 2 棵树移动到图 1-76（右）所示的位置，注意：移动时，要同时在多个视口中配合操作。

移动前　　　　　　　　　　　移动后

图1-76 移动树

(2) 练习使用缩放工具将第 2 棵树整体缩小一定比例，如图 1-77 所示。

图1-77 缩小树

(3) 使用移动复制方法复制出两棵树，并调整其位置，如图 1-78 所示。

图1-78　复制和移动树

(4) 删除草地上的部分草，删除后的效果如图 1-79 所示。

图1-79　删除草

1.4 学习辅导——常用快捷键

用户在使用 3ds Max 2012 设计作品的过程中，如果都通过鼠标操作来实现效果很不方便，而且效率比较低，要想快速高效地完成作品的设计就需要掌握一些常用的快捷键。表 1-2 列出了 3ds Max 2012 的常用快捷键。

表 1-2　　　　　　　　　　　3ds Max 2012 常用快捷键及功能

快捷键	功能	快捷键	功能
A	角度捕捉开关	B	切换到底视口
C	切换到摄影机视图	D	封闭视窗
E	切换到轨迹视图	F	切换到前视口
G	切换到网格视图	H	显示通过名称选择对话框
I	交互式平移	K	切换到后视口
L	切换到左视口	N	动画模式开关

续表

快捷键	功能	快捷键	功能
O	自适应退化开关	P	切换到预览视图
R	切换到右视口	S	捕捉开关
T	切换到顶视口	U	切换到用户视图
W	最大化视窗开关	X	中心点循环
Z	缩放模式	[	交互式移近
]	交互式移远	/	播放动画
F5	约束到 x 轴方向	F6	约束到 y 轴方向
F7	约束到 z 轴方向	F8	约束轴面循环
Space	选择集锁定开关	End	进入最后一帧
Home	进到起始帧	Insert	循环子对象层级
PageUp	选择父系	PageDown	选择子系
Num+	向上轻推网格	Num-	向下轻推网格
Ctrl+A	选中场景中所有对象	Ctrl+B	子对象选择开关
Ctrl+F	循环选择模式	Ctrl+L	默认灯光开关
Ctrl+N	新建场景	Ctrl+O	打开文件
Ctrl+P	平移视图	Ctrl+R	旋转视图模式
Ctrl+S	保存文件	Ctrl+T	纹理校正
Ctrl+W	区域缩放模式	Ctrl+Z	取消场景操作
Ctrl+Space	创建定位锁定键	Shift+A	重做视窗操作
Shift+B	视窗立方体模式开关	Shift+C	显示摄影机开关
Shift+E	以前次参数设置进行渲染	Shift+F	显示安全框开关
Shift+G	显示网格开关	Shift+H	显示辅助物体开关
Shift+I	显示最近渲染生成的图像	Shift+L	显示灯光开头
Shift+O	显示几何体开关	Shift+P	显示粒子系统开关
Shift+Q	快速渲染	Shift+R	渲染场景
Shift+S	显示形状开关	Shift+W	显示空间扭曲开关
Shift+Z	取消视窗操作	Shift+4	切换到聚光灯/平行灯光视图
Ctrl+Shift+Z	全部场景范围充满视图	Shift+Space	创建旋转锁定键
Shift+Num+	移近两倍	Shift+Num-	移远两倍
Alt+S	网格与捕捉设置	Alt+Space	循环通过捕捉
Alt+Ctrl+Z	场景范围充满视窗	Alt+Ctrl+Space	偏移捕捉
Ctrl+Shift+A	自适应透视网线开关	Ctrl+Shift+P	百分比捕捉开关

1.5　思考题

1. 简要说明三维动画的特点和应用。
2. 3ds Max 2012 的设计环境主要由哪些要素构成？
3. 3ds Max 2012 的默认视口配置主要由哪四类视口组成？
4. 如何对选定对象进行复制操作？
5. 如何一次选中场景中的多个对象？

第2章 基本体建模

基本体是指 3ds Max 2012 系统配置的标准几何体，这些几何体具有确定的形状。使用基本体建模时，每种基本体可以当作不同形状的"积木"，用来"搭建"成大型模型。同时，各种基本体都是参数化模型，修改其中丰富的参数值可以方便修改其大小和形状。

【学习目标】
- 掌握使用标准基本体建模的一般方法。
- 掌握使用扩展基本体建模的一般方法。
- 了解建筑对象的种类和应用。
- 熟悉使用复制、移动和旋转等方法创建复杂模型。

2.1 创建标准基本体

基本体建模是 3ds Max 2012 建模体系中最简洁、最快速的建模方式，只要通过鼠标拖曳就可以制作出常用的各种几何对象和系统提供的对象。下面介绍标准基本体的创建方法。

2.1.1 基础知识——标准基本体的创建方法

3ds Max 2012 提供了 10 种标准基本体，如图 2-1 所示。这些标准基本体是生活中最常见的几何体，可以用来构建模型的许多基础结构。

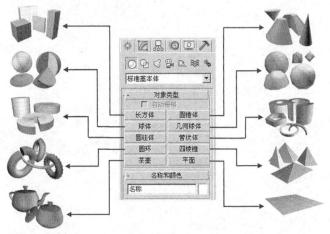

图2-1　标准基本体

一、创建长方体

长方体是建模过程中使用最频繁的形体，既可以将多个长方体组合起来搭建成各种组合体，同时也可以将其转换为网格物体进行细分建模。

(1) 创建长方体的基本步骤。

创建长方体的一般步骤如下。

① 在命令面板中选择长方体建模工具。

② 在适当的视口中单击或拖曳以创建近似大小和位置的长方体。

③ 调整长方体的参数和位置

 要点提示 创建长方体时，首先按住鼠标左键并拖曳绘出其底面大小，随后释放左键，继续拖曳鼠标决定长方体的高度，确定后单击鼠标左键。绘制底面时如果按住 Ctrl 键，则绘制的底面的长宽相等，为正方形。

(2) 长方体的基本参数。

长方体的参数面板如图 2-2 所示，各个选项的功能介绍如下。

① 【名称和颜色】卷展栏。

要为对象命名，在【名称和颜色】卷展栏中的文本框中输入对象名称即可。单击文本框右侧的色块图标，从弹出的【对象颜色】面板中为对象设置颜色，如图 2-3 所示。

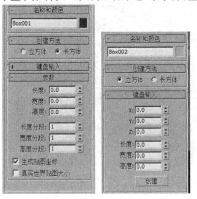

图2-2 长方体的参数面板

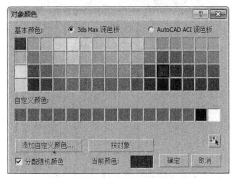

图2-3 【对象颜色】面板

要点提示 使用基本体建模时，应该养成为每一个新建的基本体进行命名的好习惯，方便以后对对象操作时进行选择和查找。为了区分不同的对象，可以分别为其设置不同的颜色，但是这里设置的颜色并不能生成逼真的视觉效果，这时需要借助材质和灯光设置。

② 【创建方法】卷展栏。

选择【立方体】选项时，可以创建长、宽和高均相等的立方体；选择【长方体】单选项时，可以创建长、宽和高均不相等的长方体。

③ 【键盘输入】卷展栏。

通过键盘输入可以在指定位置创建指定大小的模型，实现精确建模。首先在【键盘输入】卷展栏中输入长方体底面中心坐标（x, y, z），然后输入长方体的长度、宽度和高度，最后单击 创建 按钮即可创建长方体。

④ 【参数】卷展栏。

- 【长度】、【宽度】、【高度】：分别确定长方体的长、宽和高。
- 【长度分段】、【宽度分段】、【高度分段】：确定长方体在长、宽和高 3 个方向上的片段数，表现在模型上就是每个方向的网格线数量，如图 2-4 所示。当视口为"线框"或"边面"显示方式时，分段数会以白色网格线显示，如图 2-5 所示。

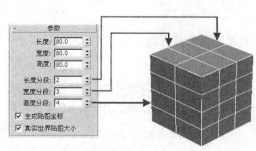

图2-4　长方体的分段数

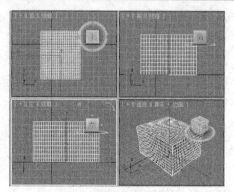

图2-5　显示模型的分段数

 设置分段参数是为了便于对模型进行修改，特别是使模型产生形状改变，分段数越多，模型变形后的形状过渡越平滑，其对比如图 2-6 和图 2-7 所示。但是模型分段数越多，占用的系统资源也越大，因此在设计时不要盲目追求模型的精致而设置过高的分段数。

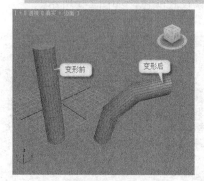

图2-6　分段数为3

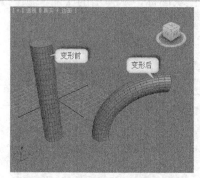

图2-7　分段数为 20

- 【生成贴图坐标】复选项。

建模后自动生成贴图坐标，该选项默认状态下通常被选中，这样可以方便地对模型进行贴图操作。

- 【真实世界贴图大小】复选项。

若不选择此项，贴图大小由模型的相对尺寸决定，对象较大时，贴图也较大；选择此项，贴图大小由对象的绝对尺寸决定。

二、　创建圆柱体

使用圆柱体工具除了能创建圆柱体外，还能创建类似形状，例如棱柱体、局部圆柱或棱柱体等，将高度设置为 0 时还可以创建圆形或扇形平面。

(1)　创建圆柱体的基本步骤。

创建圆柱体的一般步骤如下。

- 在命令面板中选择圆柱体建模工具。
- 在适当的视口中单击或拖曳以创建近似大小和位置的圆柱体。
- 调整圆柱体的参数和位置。

 创建圆柱体时，首先按住鼠标左键并拖曳，以确定圆柱体底面大小，随后释放鼠标左键，继续拖曳鼠标指针决定圆柱体的高度，确定后单击鼠标左键。

(2)　圆柱体的基本参数。

圆柱体的参数面板如图 2-8 所示，下面介绍其中主要参数的含义。

①　【创建方法】卷展栏。

选择【边】单选项时，绘制底面时首先单击的点位于圆周上；选择【中心】单选项时，绘制底面时首先单击的点位于圆心处。在图 2-9 中，从坐标原点处按住鼠标左键并拖曳创建圆柱体，可以看到两个选项对应的圆柱体的位置有明显差异。

图2-8　圆柱体的参数面板

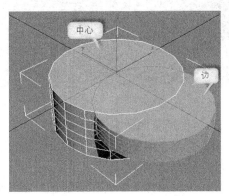

图2-9　用【边】与【中心】方式创建出的圆柱体

②　【参数】卷展栏。

- 【半径】、【高度】：确定圆柱的底圆半径和高度。
- 【高度分段】、【端面分段】：确定高度和端面两个方向的分段数。端面分段为一组同心圆，与高度分段在底面上形成类似蛛网的结构，如图 2-10 所示。
- 【边数】：圆柱体的底圆并不是绝对的圆形，而是由一定边数的正多边形逼近的。边数越多，与理想圆柱之间的误差就越小。将【边数】设置为"3"时为三棱柱，将【边数】设置为"4"时为立方体，不同边数的"圆柱体"如图 2-11 所示。

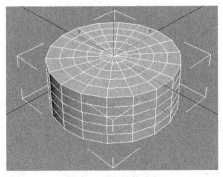

图2-10　圆柱体的分段

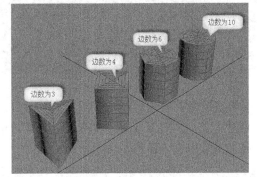

图2-11　不同边数的"圆柱体"

- 【平滑】：由于底圆是由正多边形逼近的，因此圆柱体上有明显的棱边，为了消除这种视觉影响，可以对棱边采用"平滑"处理，使圆柱各表面过渡更平顺，如图 2-12 所示。
- 【启用切片】、【切片起始位置】、【切片结束位置】：用来创建局部圆柱体（不完整圆柱体），首先选择【启动切片】复选项，然后设置切片起始位置（角度值，顺时针为负值，逆时针为正值）和切片结束位置，如图 2-13 所示。

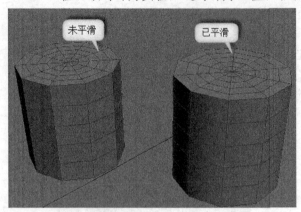

图2-12 圆柱体的平滑处理

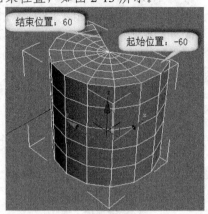

图2-13 不同边数的"圆柱体"

三、创建其他基本体

下面简要介绍其他几类基本体的创建要领。

(1) 创建圆锥体。

使用"圆锥体"工具可以创建正立或倒立的圆锥或圆台，如图 2-14 所示，其参数面板如图 2-15 所示。

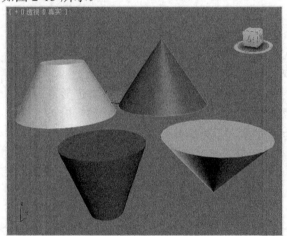

图2-14 各类圆锥体

图2-15 圆锥体参数

在【参数】卷展栏中，【半径 1】为圆锥体底圆半径，其值不能为 0。【半径 2】为圆锥体顶圆半径，其值为 0 时创建圆锥；为非零值时创建圆台。如要创建倒立的圆锥或圆台，则在高度参数中输入负值。

> **要点提示** 手动创建圆锥时，首先按住鼠标左键并拖曳确定底圆半径，然后松开鼠标左键确定圆锥高度，随后单击鼠标左键并拖曳鼠标确定顶圆半径，完成后单击鼠标左键。

(2) 创建球体。

使用"球体"命令可以制作面状或平滑的球体，也可以制作局部球体（如半球体），如图 2-16 所示，其参数面板如图 2-17 所示。

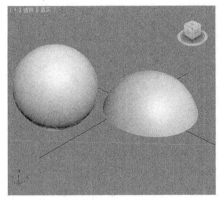

图2-16　各类球体

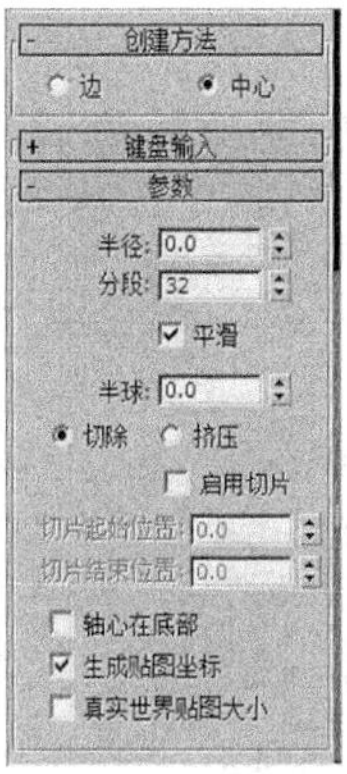

图2-17　球体参数

① 球体的分段数。

球体的最小分段数为 4，分段数较少时，球体显示为多面体，分段数增加时则逐渐逼近理想的球体，分段数表现在球体上则为一定数量的经圆和纬圆，如图 2-18 所示。

② 【半球】参数。

【半球】参数用于创建不完整球体，其值越大，球体缺失的部分越多。选择【切除】单选项，多余的球体会被直接切除；选择【挤压】单选项，则将整个球体挤压为半球，可以看到球体上的网格线密度增加，如图 2-19 所示。

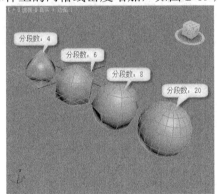

图2-18　不同分段数的球体

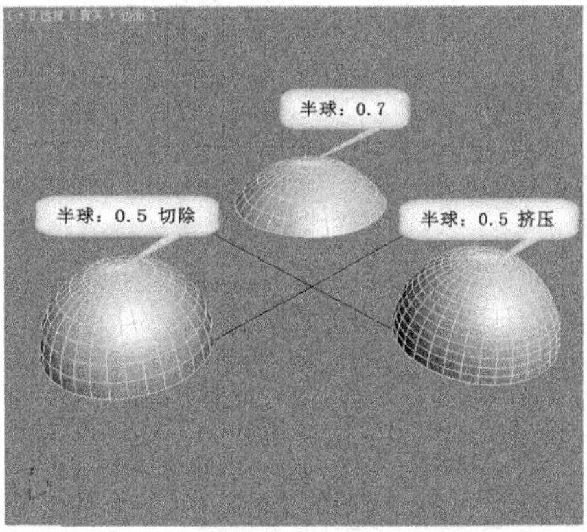

图2-19　半球体

③ 轴心在底部。

未选择【轴心在底部】复选项时，按住鼠标左键并拖曳来绘制球体，首先单击的点用来确定球的中心；选择【轴心在底部】时，首先单击的点用来确定球的下底点，如图 2-20 所示。

(3) 创建几何球体。

几何球体使用三角面拼接的方式来创建球体，在进行面的分离特效（如爆炸）时，可以分解为无序而混乱的多个多面体，其参数如图 2-21 所示。

在【基点面类型】分组框中可选择由哪种规则形状的多面体组成几何球体，如图 2-22 所示。

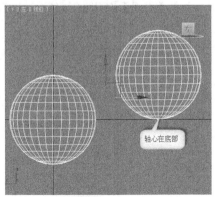

图2-20　轴心在底部

图2-21　几何球体参数

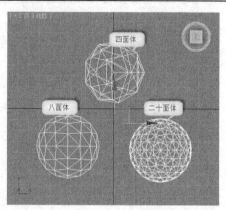

图2-22　不同基点面类型的球体

(4) 创建管状体。

利用 管状体 按钮可生成圆形或棱柱形的中空圆柱体，其参数如图 2-23 所示。【半径1】为圆管的内径，【半径2】为圆管的外径，将【边数】设置为不同值时管道的形状不同，如图 2-24 所示。

图2-23　管状体参数

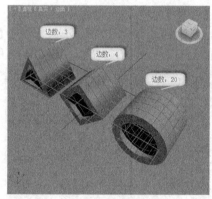

图2-24　不同边数的管状体

(5) 创建圆环。

利用 圆环 按钮可以创建圆环或具有圆形横截面的环，其参数如图 2-25 所示。其中【半径1】和【半径2】分别为圆环外圆半径和内圆半径。

在【平滑】分组框中有 4 种圆环面平滑方式，其效果对比如图 2-26 所示。

图2-25　圆环参数

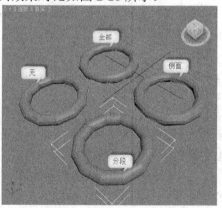

图2-26　不同平滑效果的圆环

- 【全部】：在圆环整个曲面上生成完整平滑的效果。
- 【侧面】：平滑相邻分段之间的边线，生成围绕圆环的平滑带。
- 【无】：无平滑效果，在圆环上形成锥面形状。
- 【分段】：分别平滑每个分段。

(6) 创建四棱锥。

四棱锥具有方形或矩形底面和三角形侧面，外形与金字塔类似，其外形和参数如图 2-27 所示。其中【宽度】和【深度】分别表示底面的宽和长。

(7) 创建茶壶。

利用 茶壶 按钮可以创建茶壶体。茶壶包括 4 个部件，在【茶壶部件】分组框中可以选择创建其中某一个或几个部件，如图 2-28 所示。

(8) 创建平面。

利用 平面 按钮可以创建没有厚度的平面。在【渲染倍增】分组框中的【缩放】文本框中可以设置长度和宽度在渲染时

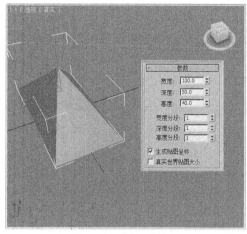

图2-27 四棱柱及其参数

的倍增因子；在【密度】文本框中可以设置长度和宽度分段数在渲染时的倍增因子，如图 2-29 所示。

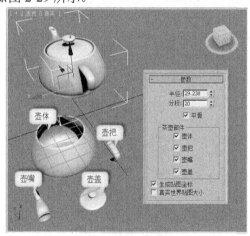

图2-28 茶壶及其参数

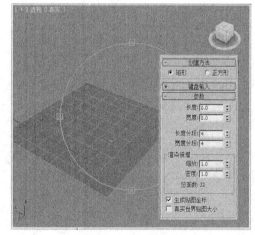

图2-29 平面及其参数

2.1.2 案例解析——制作"茶几"

下面通过实例介绍使用基本几何体搭建一个"茶几"模型的一般过程。

1. 创建桌面，如图 2-30 和图 2-31 所示。
(1) 在命令面板中单击 ⬧ 按钮，打开【创建】面板。
(2) 单击 ◯ 按钮，启动几何体创建工具。
(3) 在下拉列表中选择【标准基本体】选项。

(4) 在【对象类型】卷展栏中单击 长方体 按钮。

(5) 在透视视口中按住鼠标左键并拖曳出长方体底面。

(6) 释放鼠标左键向上移动生成高度，然后单击鼠标左键确定。

(7) 在【参数】卷展栏中设置长方体的尺寸参数。

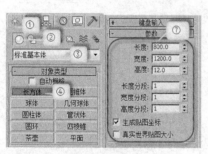

图2-30 参数设置

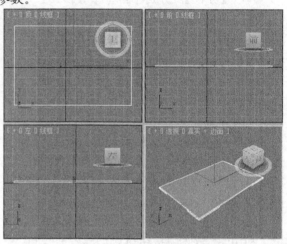

图2-31 绘制立方体

 如果要修改长方体的参数，可以首先选中该长方体，然后在命令面板中单击 按钮打开【修改】面板，可以在其中的【参数】卷展栏中重设长方体尺寸。在实际设计中，通常在绘制出模型的大致形状后，随即转入【修改】面板修改模型参数。

2. 创建茶几腿，如图 2-32 和图 2-33 所示。

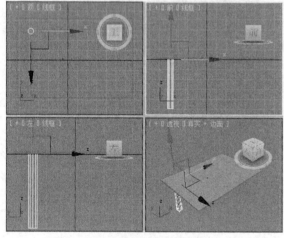

图2-32 绘制圆柱体

图2-33 参数设置

(1) 在【对象类型】卷展栏中单击 圆柱体 按钮，在顶视口中绘制圆柱底面，释放鼠标左键并向下拖出圆柱高度，单击鼠标左键确定。

(2) 在命令面板中单击 按钮，打开【修改】面板，设置圆柱体的尺寸参数。

3. 复制茶几腿，如图 2-34～图 2-37 所示。

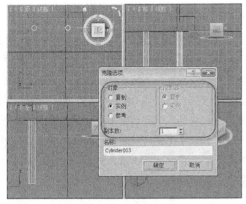

图2-34 第 1 次复制对象

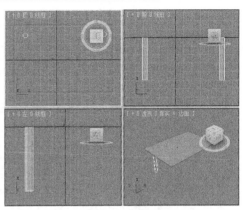

图2-35 复制结果

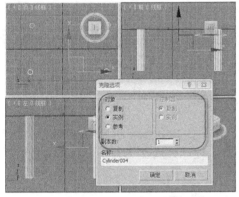

图2-36 第 2 次复制对象

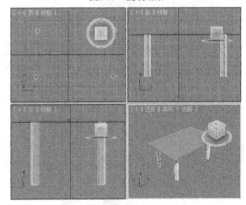

图2-37 复制结果

(1) 选中顶视口，按 Alt + W 键将其最大化显示。

(2) 选中圆柱体，单击工具栏中的 ✛ 按钮，按住 Shift 键，沿 x 轴拖曳到适当位置后释放鼠标左键，设置完复制参数后关闭对话框。

(3) 在顶视口中使用 ✛ 工具调整其位置，使之与左侧圆柱体对称。

(4) 同时选中两个圆柱体，沿 y 轴复制一组对象，然后使用 ✛ 工具调整其位置。

4. 创建隔板，如图 2-38 和图 2-39 所示。

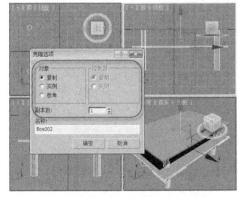

图2-38 第 3 次复制对象

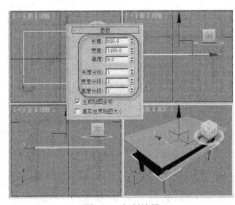

图2-39 复制结果

(1) 在前视口中选中前面创建的茶几桌面。

(2) 使用复制方法向下复制一个对象。

(3) 在命令面板中单击 按钮，打开【修改】面板，设置复制对象的尺寸参数。

要点提示

本例中 3 次使用复制命令，但是设置的参数并不相同。前两次复制其余 3 个茶几腿时，在【克隆选项】对话框中选择【实例】单选项，这样 4 个茶几腿之间保持参数关联关系，修改其中任意一个的参数，其余 3 个同步修改。而在复制隔板时，在【克隆选项】对话框中选择【复制】单选项，这样修改隔板参数时，茶几桌面参数不会受到影响。

通过本例可以看出，要明确软件配置的 4 个视口的视角特点，在不同视口中绘图或移动对象时，其方向各不相同。例如顶视口绘图时，对象沿上下方向长出；左视口中绘图时，对象沿前后方向长出。在不同视口移动对象时，其锁定的移动方向也不相同。例如在顶视口中可以沿 x、y 轴方向移动对象；在左视口中可以沿着 x、z 轴方向移动对象。

2.2 创建扩展基本体

与标准基本体相比，扩展基本体具有更加独特的形状，可用于创建更为典型的模型，在其上合理使用各种修改器，可以创建出复杂的对象。

2.2.1 基础知识——扩展基本体的创建方法

3ds Max 2012 为用户提供了 13 种扩展基本体，如图 2-40 所示。扩展基本体的创建方法与标准基本体的创建方法类似，其设计参数更加丰富，设计灵活性更大。下面介绍常用工具的用法。

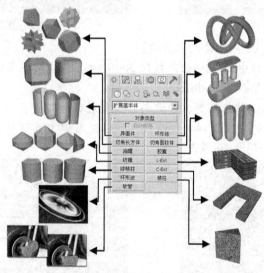

图2-40　扩展基本体

一、　异面体

利用 **异面体** 按钮可以创建各种具有奇异表面组成的多面体，通过参数调节，制作出各种复杂造型的物体。其参数如图 2-41 所示。

- 【系列】：在该分组框中可以创建 5 种基本形体，如图 2-42 所示。

图2-41 异面体参数

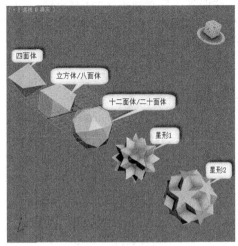

图2-42 各种异面体

- 【系列参数】：在该分组框中可以为多面体顶点和各面之间提供 P、Q 两个关联参数，用来改变其几何形状。
- 【轴向比率】：包括 P、Q 和 R 三个比例系统，控制 3 个方向轴向尺寸大小。
- 【顶点】：可以使用基点、中心以及中心和边三种方式来确定顶点的位置。
- 【半径】：确定异面体的主体尺寸大小。

二、 切角长方体

切角长方体用于直接创建带有圆形倒角的长方体，省去了后续"倒角"操作的麻烦，用于创建棱角平滑的物体，其参数如图 2-43 所示。

建模时，首先按照长、宽和高创建出长方体的轮廓，然后拖曳鼠标确定圆形倒角的半径大小，不同参数的圆角效果如图 2-44 所示。

图2-43 切角长方体参数

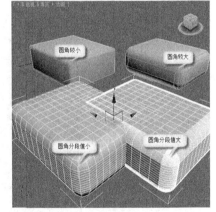

图2-44 各种切角长方体

切角圆柱体的创建方法与用法与切角长方体类似。

三、 L－Ext（L 形墙）

L－Ext 用于创建类似于墙体的模型，墙体具有一定的厚度，呈直角相交。主要参数如图 2-45 所示。

建模时，首先确定 L-Ext 的底面形状，包括【侧面长度】和【前面长度】两个参数，然后确定其高度，最后确定其厚度参数，包括【侧面宽度】和【前面宽度】两个参数，各种 L-Ext 如图 2-46 所示。

图2-45 L-Ext 参数

图2-46 各种 L-Ext

C-Ext 的创建方法与用法与之类似。

2.2.2 案例解析——制作"餐桌"

下面介绍使用扩展基本体搭建一个"餐桌"模型的一般过程。

1. 创建第 1 个 L 墙，如图 2-47 所示。

(1) 在命令面板中单击 ❄ 按钮，打开【创建】面板，单击 ◯ 按钮，启动几何体创建工具。

(2) 在下拉列表中选择【扩展基本体】选项。

(3) 在【对象类型】卷展栏中单击 L-Ext 按钮。

(4) 在顶视口中按住鼠标左键并从左下到右上拖曳出 L 墙体的底面，然后释放鼠标左键沿上下方向拖出墙体高度，单击鼠标左键后沿上下方向拖出墙体厚度。

(5) 在命令面板中单击 ☑ 按钮，打开【修改】面板，设置圆柱体的尺寸参数。

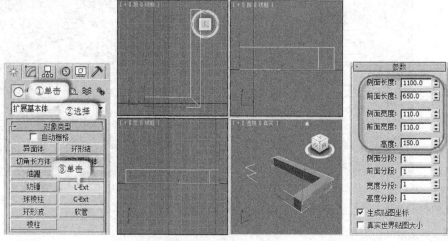

图2-47 创建第 1 个 L 墙

2. 创建第 2 个 L 墙，如图 2-48 所示。

(1) 返回【创建】面板，单击 L-Ext 按钮。

(2) 在顶视口中按住鼠标左键并从左下到右上拖曳鼠标绘出墙体底面，释放鼠标左键绘出墙体高度，单击鼠标左键后绘出墙体的厚度。

(3) 在命令面板中单击 按钮，打开【修改】面板，设置 L 墙体的尺寸参数。

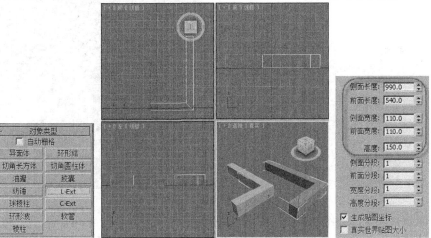

图2-48　创建第 2 个 L 墙

3. 调整 L 墙位置，如图 2-49 所示。

(1) 选中刚创建的第 2 个 L 墙，在 按钮上单击鼠标右键，设置参数，使墙体绕 z 轴旋转 180°。

(2) 单击 按钮，在顶视口中分别沿 x 轴和 y 轴移动对象，将两个墙体对齐。

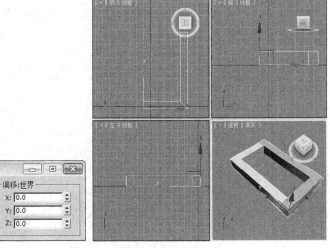

图2-49　调整 L 墙位置

4. 创建长方体，如图 2-50 所示。

(1) 在【创建】面板的下拉列表中选择【标准基本体】选项，然后单击 长方体 按钮。

(2) 在顶视口中绘制一个长方体，然后进入【修改】面板修改长方体参数。

(3) 单击 按钮，在前视口中分别沿 z 轴移动对象，将长方体置于两个墙体顶部。然后在顶视口中分别沿 x 轴和 y 轴调整对象位置，使之与 L 墙体在长度和宽度方向对齐。

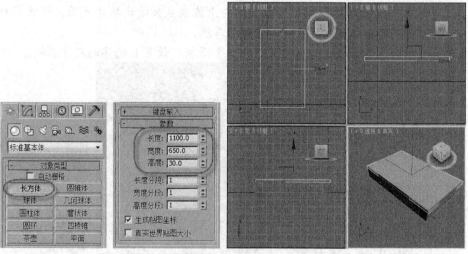

图2-50 创建立方体

5. 创建切角长方体，如图 2-51 所示。

(1) 返回【创建】面板，在下拉列表中选择【扩展基本体】选项，在【对象类型】卷展栏中单击 切角长方体 按钮。

(2) 在顶视口中按住鼠标左键并拖曳绘制出长方体底面，释放鼠标左键后向下拖出长方体高度，单击鼠标左键后略微移动鼠标指针确定圆角大小。

(3) 在命令面板中单击 按钮，打开【修改】面板，设置切角长方体的尺寸参数。

(4) 单击 按钮，在顶视口和前视口中调整切角长方体位置。

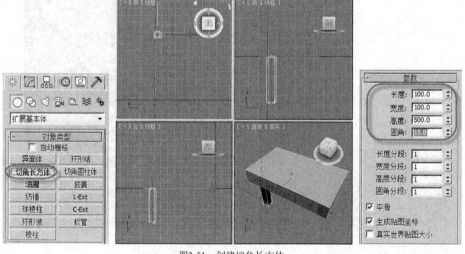

图2-51 创建切角长方体

6. 复制切角长方体，如图 2-52 所示。

(1) 选中前面创建的切角长方体，单击 按钮，在顶视口中按住 Shift 键，沿 x 轴复制一个对象。

(2) 选中前面创建的切角长方体和复制生成的切角长方体，在顶视口中按住 Shift 键沿 y 轴复制两个对象。

(3) 使用 工具在 3 个视口中适当调整复制对象的位置，以便获得最佳设计结果。

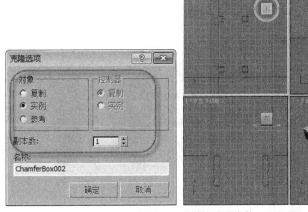

图2-52 复制切角长方体

2.3 创建建筑对象

建筑对象是指可用作构建各类建筑设施的模型块。

2.3.1 基础知识——建筑对象的创建方法

这些对象包括 "AEC 扩展" 对象（其中包含植物、栏杆和墙）、楼梯、门、窗等，如表 2-1 所示。

表 2-1　　　　　　　　　　　　　AEC 扩展、楼梯、门、窗

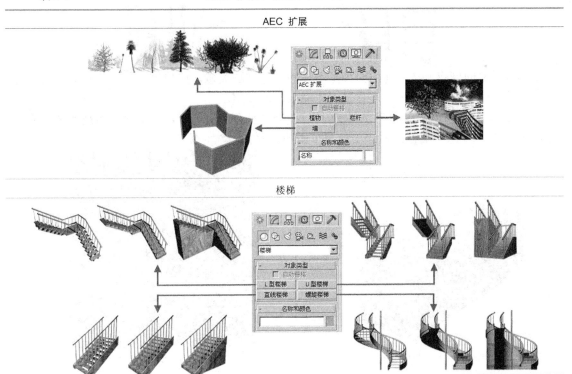

续表

门

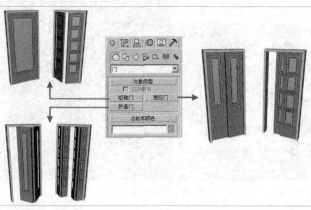

窗

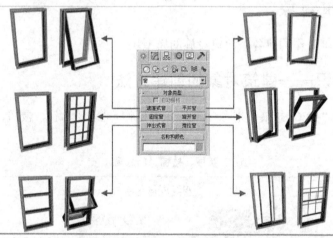

　　建筑对象的创建方法与前面两种基本体的创建方法类似，但建筑对象创建完成后大多需要进入【修改】面板对其参数进行修改才能很好地使用。

　　图 2-53 所示为创建的一个"枢轴门"，在修改参数之前很难辨认出它具体是何种对象，通过进行图 2-54 所示的修改后才能成为可用的"枢轴门"对象。

图2-53　创建枢轴门

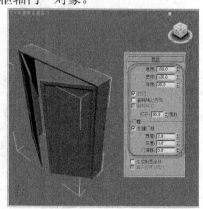

图2-54　设置参数

2.3.2 范例解析——制作"精美小屋"

本案例将使用【标准基本体】、【门】、【窗】以及【AEC 扩展】对象来搭建一个精美的小屋，如图 2-55 所示。

图2-55 最终效果

1. 创建地面。

(1) 运行 3ds Max 2012。

(2) 创建地面。

① 单击【创建】/【标准基本体】面板上的 ▁▁平面▁▁ 按钮，在透视视口上按住鼠标左键并拖曳创建一个平面。

② 在【修改】面板中设置平面的【名称】为"地面"。

③ 在【参数】卷展栏中设置【长度】为"200"、【宽度】为"200"。

④ 在工具栏中右键单击 ✛ 按钮，弹出【移动变换输入】对话框。

⑤ 在【移动变换输入】对话框中设置【绝对:世界】/【X】为"0"、【Y】为"0"、【Z】为"0"。最后获得的设计效果如图 2-56 所示。

2. 创建屋体。

(1) 单击【创建】/【标准基本体】面板上的 ▁▁长方体▁▁ 按钮，在顶视口上按住鼠标左键并拖曳创建一个长方体。

(2) 在【修改】面板中设置长方体的【名称】为"屋体"。

(3) 在【参数】卷展栏中设置【长度】为"100"、【宽度】为"100"、【高度】为"45"。

(4) 在工具栏中右键单击 ✛ 按钮，弹出【移动变换输入】对话框。

(5) 在【移动变换输入】对话框中设置【绝对:世界】/【X】为"0"、【Y】为"0"、【Z】为"0"。最后获得的设计效果如图 2-57 所示。

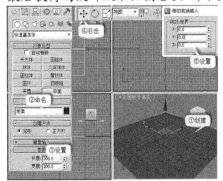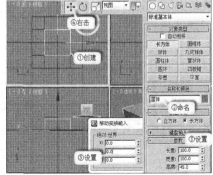

图2-56 创建地面   图2-57 创建屋体

3. 创建屋顶。

(1) 创建屋顶外形。

① 单击【创建】/【标准基本体】面板上的 _____圆柱体_____ 按钮，在前视口上按住鼠标左键并拖曳创建一个圆柱体。

② 在【修改】面板中设置圆柱体名称为"屋顶"。

③ 在【参数】卷展栏中设置【半径】为"29"、【高度】为"100"、【高度分段】为"1"、【端面分段】为"1"、【边数】为"3"。

最后获得的设计效果如图 2-58 所示。

(2) 设置屋顶的角度和位置。

① 在工具栏中右键单击 ○ 按钮，弹出【旋转变换输入】对话框。

② 在【旋转变换输入】对话框中设置【绝对:世界】/【Y】为"30"。

③ 在工具栏中右键单击 ✛ 按钮，弹出【移动变换输入】对话框。

④ 在【移动变换输入】对话框中设置【绝对:世界】/【Y】为"50"、【Z】为"59.5"。

最后获得的设计效果如图 2-59 所示。

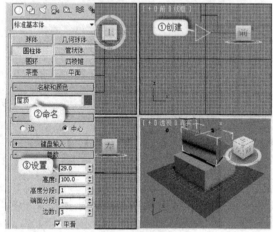

图2-58 创建屋顶   图2-59 设置屋顶的角度和位置

(3) 缩放屋顶。

① 在工具栏中的 按钮上按住鼠标左键，在弹出的下拉列表中选择 按钮。

② 用鼠标右键单击 按钮，弹出【缩放变换输入】对话框。

③ 在【缩放变换输入】对话框中设置【偏移:世界】/【X】为"220"。

最后获得的设计效果如图 2-60 所示。

4. 创建房檐。

(1) 创建房檐对象。

① 单击【创建】/【标准基本体】面板上的 _____长方体_____ 按钮，在前视口上创建一个长方体。

② 在【修改】面板中设置长方体【名称】为"房檐"。

③ 在【参数】卷展栏中设置【长度】为"3"、【宽度】为"71"、【高度】为"3"。

最后获得的设计效果如图 2-61 所示。

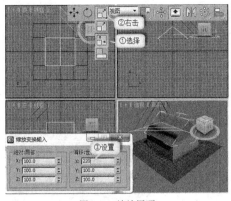

图2-60　缩放屋顶

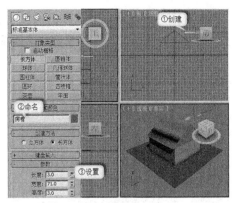

图2-61　创建房檐

(2)　设置房檐的角度和位置。

①　在工具栏中右键单击 ○ 按钮，弹出【旋转变换输入】对话框。

②　在【旋转变换输入】对话框中设置【绝对:世界】/【Y】为"38.2"。

③　在工具栏中右键单击 ✣ 按钮，弹出【移动变换输入】对话框。

④　在【移动变换输入】对话框中设置【绝对:世界】/【X】为"28.5"、【Y】为"－47"、【Z】为"68"。

最后获得的设计效果如图 2-62 所示。

(3)　复制房檐。

①　在工具栏中单击 ✣ 按钮。

②　在顶视口中按住 Shift 沿 y 轴移动对象，弹出【克隆选项】对话框。

③　在【克隆选项】对话框中选择【复制】单选项，并设置【副本数】为"1"。

④　单击 确定 按钮，完成复制。

最后获得的设计效果如图 2-63 所示。

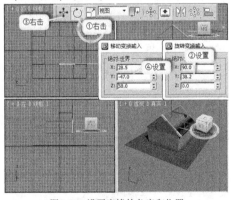

图2-62　设置房檐的角度和位置

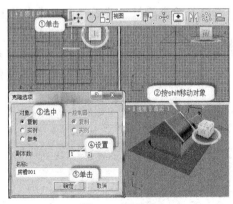

图2-63　复制房檐

(4)　设置右边房檐的位置。

①　在工具栏中右键单击 ✣ 按钮，弹出【移动变换输入】对话框。

②　在【移动变换输入】对话框中设置【绝对:世界】/【Y】为"50"。

最后获得的设计效果如图 2-64 所示。

5.　创建屋檐。

(1)　创建屋檐对象。

① 单击【创建】/【标准基本体】面板上的 ___长方体___ 按钮，在前视口中创建一个长方体。

② 在【修改】面板中设置长方体【名称】为 "屋檐"。

③ 在【参数】卷展栏中设置【长度】为 "3"、【宽度】为 "3"、【高度】为 "100"。

最后获得的设计效果如图 2-65 所示。

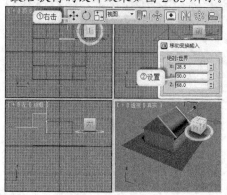

图2-64　设置右边房檐的位置

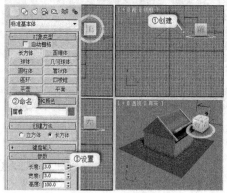

图2-65　创建屋檐

(2) 设置屋檐的角度和位置。

① 在工具栏中右键单击 ↻ 按钮，弹出【旋转变换输入】对话框。

② 在【旋转变换输入】对话框中设置【绝对:世界】/【Y】为 "38.2"。

③ 在工具栏中右键单击 ✛ 按钮，弹出【移动变换输入】对话框。

④ 在【移动变换输入】对话框中设置【绝对:世界】/【X】为 "56"、【Y】为 "50"、【Z】为 "46.3"。

最后获得的设计效果如图 2-66 所示。

6. 创建顶子。

(1) 单击【创建】面板上的 ___长方体___ 按钮，在前视口中创建一个长方体。

(2) 在【修改】面板中设置长方体【名称】为 "顶子"。

(3) 在【参数】卷展栏中设置【长度】为 "10"、【宽度】为 "3"、【高度】为 "100"。

(4) 在工具栏中右键单击 ✛ 按钮，弹出【移动变换输入】对话框。

(5) 在【移动变换输入】对话框中设置【绝对:世界】/【X】为 "0"、【Y】为 "50"、【Z】为 "92"。

最后获得的设计效果如图 2-67 所示。

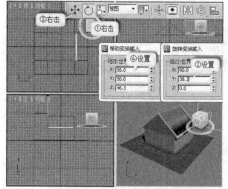

图2-66　设置屋檐的角度和位置

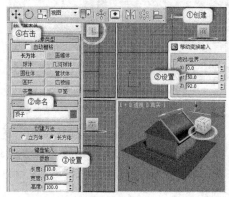

图2-67　创建顶子

7. 创建瓦砾。

(1) 创建瓦砾对象。

① 单击【创建】面板上的 [长方体] 按钮,在前视口上创建一个长方体。

② 在【修改】面板中设置长方体【名称】为 "瓦砾"。

③ 在【参数】卷展栏中设置【长度】为 "3"、【宽度】为 "20"、【高度】为 "2"。

最后获得的设计效果如图 2-68 所示。

(2) 设置瓦砾的角度和位置。

① 在工具栏中右键单击 ○ 按钮,弹出【旋转变换输入】对话框。

② 在【旋转变换输入】对话框中设置【绝对:世界】/【Y】为 "38.2"。

③ 在工具栏中右键单击 ✛ 按钮,弹出【移动变换输入】对话框。

④ 在【移动变换输入】对话框中设置【绝对:世界】/【X】为 "28.5"、【Y】为 " – 43"、【Z】为 "68"。

最后获得的设计效果如图 2-69 所示。

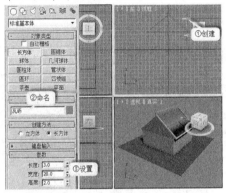

图2-68　创建瓦砾

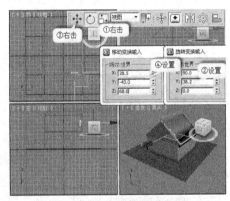

图2-69　设置瓦砾的角度和位置

(3) 复制瓦砾。

① 在场景中选中 "瓦砾" 对象。

② 在主菜单栏中选择【工具】/【阵列】命令,打开【阵列】对话框。

③ 在【阵列】对话框中设置【增量】/【Y】为 "4"。

④ 在【对象类型】分组框中选择【复制】单选项。

⑤ 在【阵列维度】分组框中设置【ID】数量为 "23"。

⑥ 单击 [确定] 按钮,复制出一排瓦砾对象。

最后获得的设计效果如图 2-70 所示。

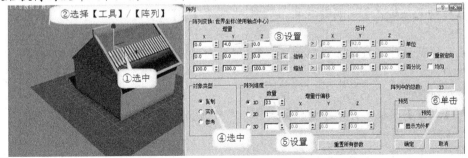

图2-70　复制瓦砾

(4) 再次复制瓦砾。

① 在工具栏中单击 视图 ▾ 按钮打开参考坐标系下拉列表，然后选择【局部】选项。

② 按 H 键打开【从场景选择】对话框。

③ 在【从场景选择】对话框中框选所有的"瓦砾"对象。

④ 单击 确定 按钮，选中所有的"瓦砾"对象。

⑤ 在透视视口中按住 Shift 键沿 x 轴拖动复制出其余两排"瓦砾"对象。

最后获得的设计效果如图 2-71 所示。

(5) 镜像复制。

① 将参考坐标系切换为"视图"。

② 选中场景中所有的"瓦砾"、"屋檐"、"房檐"对象。

③ 在主菜单栏中选择【工具】/【镜像】命令，打开【镜像：世界 坐标】对话框。

④ 在【镜像：世界 坐标】对话框的【镜像轴】分组框中选择【X】单选项，并设置【偏移】为"－57.5"。在【克隆当前选择】分组框中选择【复制】单选项。

⑤ 单击 确定 按钮，复制出另一端的"瓦砾"、"屋檐"、"房檐"对象。

最后获得的设计效果如图 2-72 所示。

图2-71 再次复制瓦砾

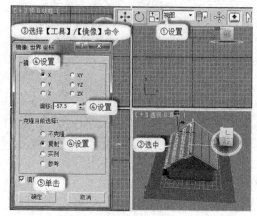

图2-72 镜像复制

8. 创建烟囱。

(1) 单击【创建】/【标准基本体】面板上的 管状体 按钮，在顶视口中创建一个管状体。

(2) 在【修改】面板中设置管状体【名称】为"烟囱"。

(3) 在【参数】卷展栏中设置【半径1】为"7"、【半径2】为"6"、【高度】为"20"；

(4) 在工具栏中右键单击 ✛ 按钮，弹出【移动变换输入】对话框。

(5) 在【移动变换输入】对话框中设置【绝对:世界】/【X】为"0"、【Y】为"35"、【Z】为"85"。

最后获得的设计效果如图 2-73 所示。

9. 创建门。

(1) 创建门对象。

① 进入【创建】面板，并选择【门】选项，打开【门】面板。

② 单击 枢轴门 按钮。

③ 在前视口中创建一个水平的枢轴门。

最后获得的设计效果如图 2-74 所示。

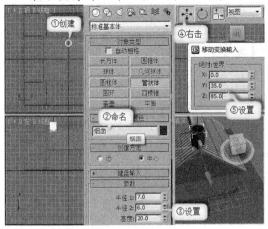

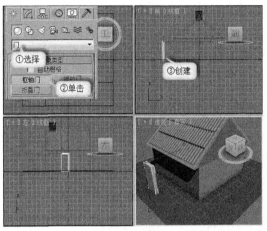

图2-73　创建烟囱　　　　　　　　　　图2-74　创建门

(2)　设置门参数。

① 在【修改】面板的【参数】卷展栏中设置【高度】为 "20"、【宽度】为 "15"、【深度】为 "3"，并选择【双门】复选项。

② 在【页扇参数】卷展栏中设置【厚度】为 "1"、【门挺/顶梁】为 "1"、【底梁】为 "12"、【水平窗格数】为 "1"、【垂直窗格数】为 "1"、【镶板间距】为 "1"。

最后获得的设计效果如图 2-75 所示。

(3)　设置门的位置和角度。

① 在工具栏中用鼠标右键单击 ○ 按钮，弹出【旋转变换输入】对话框。

② 在【旋转变换输入】对话框中设置【绝对:世界】/【X】为 "90"、【Z】为 "-180"。

③ 在工具栏中用鼠标右键单击 ✛ 按钮，弹出【移动变换输入】对话框。

④ 在【移动变换输入】对话框中设置【绝对:世界】/【X】为 "-20"、【Y】为 "-51"、【Z】为 "0"。

最后获得的设计效果如图 2-76 所示。

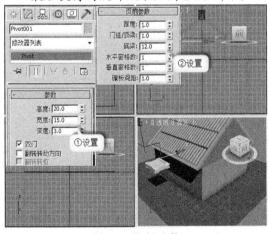
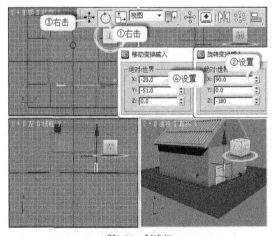

图2-75　设置门参数　　　　　　　　　　图2-76　创建门

10.　创建窗。

(1)　创建窗对象。

① 进入【创建】面板，选择【窗】选项，打开【窗】参数面板。

② 单击 旋开窗 按钮。

③ 在左视口中创建一个水平的窗子。

④ 在【修改】面板的【参数】卷展栏中设置【高度】为"20"、【宽度】为"20"、【深度】为"2"。

最后获得的设计效果如图 2-77 所示。

(2) 设置窗的位置和角度。

① 在工具栏中右键单击 ○ 按钮，弹出【旋转变换输入】对话框。

② 在【旋转变换输入】对话框中设置【绝对:世界】/【X】为"90"、【Z】为"90"。

③ 在工具栏中右键单击 ✛ 按钮，弹出【移动变换输入】对话框。

④ 在【移动变换输入】对话框中设置【绝对:世界】/【X】为"50"、【Y】为"-25"、【Z】为"15"。

⑤ 沿 y 轴复制出另一个"窗"对象。

最后获得的设计效果如图 2-78 所示。

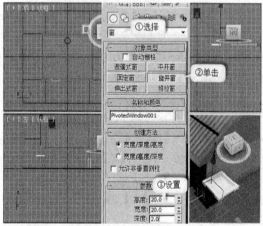

图2-77　创建窗

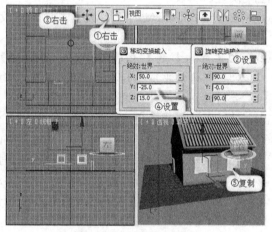

图2-78　设置窗的位置和角度

11. 创建栅栏。

(1) 创建栅栏路径。

① 单击 ❖ 按钮切换到【创建】面板。

② 单击 ⌒ 按钮切换到【图形】面板。

③ 单击 线 按钮。

④ 在顶视口中绘制栅栏路径样条线。

最后获得的设计效果如图 2-79 所示。

(2) 创建栏杆。

① 单击 ○ 按钮切换到【几何体】面板。

② 选择【AEC 扩展】选项，并单击 栏杆 按钮。

③ 在透视视口中创建一个"栏杆"对象。

最后获得的设计效果如图 2-80 所示。

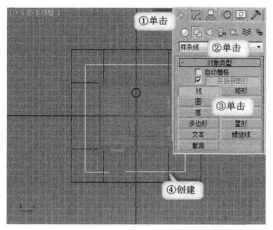
图2-79 创建栅栏路径

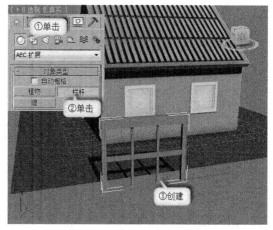
图2-80 创建栏杆

(3) 设置栏杆参数。

① 在【修改】面板的【栏杆】卷展栏中单击 拾取栏杆路径 按钮。

② 在场景中单击拾取样条线作为路径。

③ 按照图 2-81 所示设置【上围栏】、【下围栏】、【立柱】和【栅栏】各项参数。

④ 单击【支柱】分组框中的按钮，弹出【支柱间距】窗口。

⑤ 在【支柱间距】窗口中设置【计数】为 "50"。

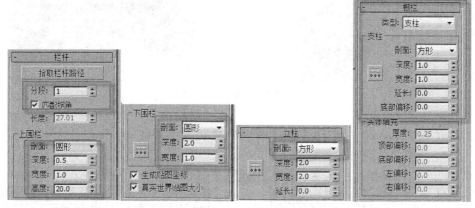
图2-81 设置栏杆参数

12. 创建植物。

(1) 创建植物。

① 单击【创建】面板中【AEC】扩展选项中的 植物 按钮。

② 在【收藏的植物】卷展栏中单击选中一种植物。

③ 在场景中的适当位置单击鼠标左键创建植物。

④ 在【修改】面板的【参数】卷展栏中设置植物参数。

最后获得的设计效果如图 2-82 所示。

(2) 按 Ctrl+S 键保存场景文件到指定目录，本案例制作完成，最终效果如图 2-83 所示。

图2-82　创建植物

图2-83　最终效果

2.4　实训——制作"简易沙发"

本案例将综合使用【标准基本体】和【扩展基本体】来快速搭建一个简易的沙发和茶几，效果如图 2-84 所示。

图2-84　最终效果

1.　制作沙发。

(1)　使用【扩展基本体】中的 切角长方体 工具，在顶视口中绘制一个切角长方体作为沙发的"坐垫"，如图 2-85 所示。

(2)　使用 切角长方体 工具创建左脚垫，如图 2-86 所示。

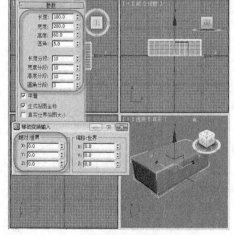

图2-85　绘制坐垫

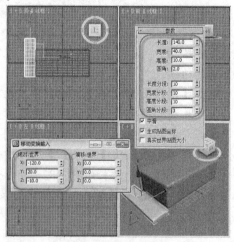

图2-86　创建左脚垫

在工具栏中的 按钮上单击鼠标右键,即可弹出【移动变换输入】对话框,将【绝对:世界】分组框的数值设置为 0,可将对象底面中心与坐标系中的坐标原点对齐。

(3) 使用 切角长方体 工具创建左扶手,如图 2-87 所示。

(4) 使用 切角长方体 工具创建靠背,如图 2-88 所示。

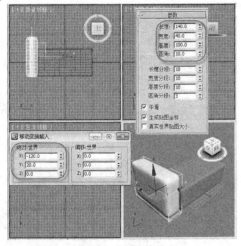

图2-87　创建左扶手

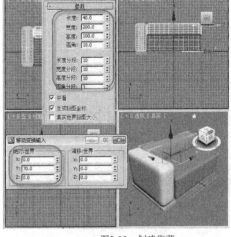

图2-88　创建靠背

(5) 使用 切角长方体 工具创建右脚垫,如图 2-89 所示。

(6) 使用 切角长方体 工具创建右扶手,如图 2-90 所示。

(7) 根据个人喜好为沙发各部分设置颜色,并创建群组。

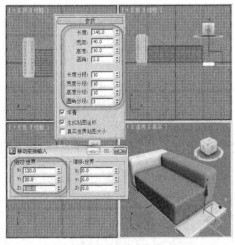

图2-89　创建右脚垫

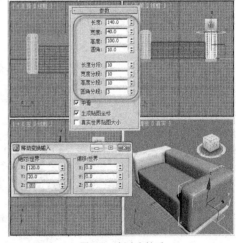

图2-90　创建右扶手

 在制作沙发时,读者可以根据个人喜好设置切角长方体的【圆角】参数,圆角参数值越大,沙发看起来越圆滑。

2. 复制沙发。

(1) 使用复制方法创建出两个沙发对象。

(2) 根据设计需要,适当修改复制方法生成的两个沙发的尺寸,可将其尺寸略微减小。

(3) 使用移动和旋转工具布置 3 个沙发的位置,参考图 2-91 所示的结果。

本书一般情况下都是采用按住 Shift 键，然后使用【移动】或【旋转】的方式进行复制。

3. 制作茶几。

(1) 使用 切角长方体 工具制作茶几桌面，如图 2-92 所示。

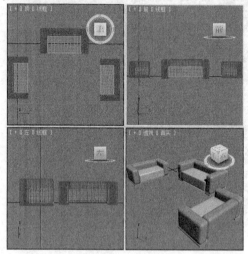

图2-91　复制沙发

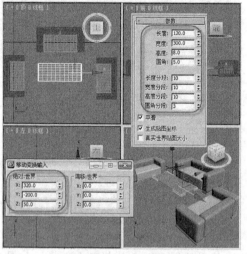

图2-92　创建茶几桌面

(2) 使用 切角圆柱体 按钮，在顶视口上绘制一个切角圆柱体作为"茶几腿"，如图 2-93 所示。然后使用 工具将其与茶几桌面对齐。

 注意茶几腿的底端所处的平面应该与沙发脚的底端在同一平面上，这样可以方便后面创建地面对象。

(3) 复制出其余 3 条"茶几腿"，如图 2-94 所示。

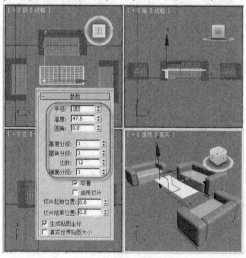

图2-93　创建茶几腿

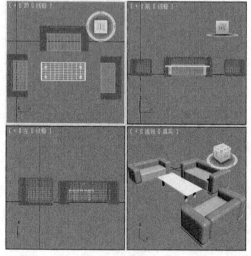

图2-94　复制茶几腿

(4) 单击【创建】/【标准基本体】面板中的 圆柱体 按钮，为茶几创建 4 个圆柱体，从而起到连接架的作用。

(5)　对模型的尺寸和色彩等再作细微校正，参考结果如图 2-95 所示。

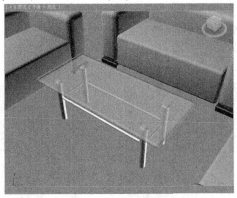

图2-95　创建茶几连接架

4.　制作地面和墙壁。

(1)　单击【创建】面板上的　平面　按钮，创建 4 个平面作为"地面"、"天花板"、"墙壁"，如图 2-96 所示。

> 要点提示　创建平面时，在适当的视图窗口中进行创建可以起到事半功倍的效果，例如创建"地面"或"天花板"时可在顶视口中创建，创建"墙壁"时则应在前视口或左视口中创建。

(2)　至此，简易沙发效果制作完成，如图 2-97 所示。

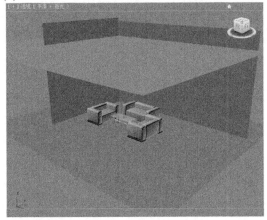

图2-96　创建平面

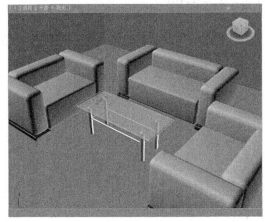

图2-97　设计结果

2.5　学习辅导——使用自动栅格创建对象

用户在创建模型过程中，经常会遇到将一个对象创建在另一对象的表面上，一般操作都是先创建对象，然后再使用对齐命令，这样的操作比较麻烦。3ds Max 2012 提供的【自动栅格】功能可以方便地把一个物体创建到其他对象的表面上，可以节省大量的时间。下面将通过在桌面上创建一个茶壶为例来介绍使用自动栅格功能创建对象的技巧。

【步骤提示】

1.　使用长方体工具创建一个长方体，如图 2-98 所示。
2.　使用自动栅格创建茶壶。

(1) 在【标准基本体】面板中单击 茶壶 按钮。

(2) 选择【自动栅格】复选项。

(3) 单击选中立方体上表面。

(4) 按住鼠标左键并拖曳就会在桌面上创建一个茶壶。

(5) 使用同样的方法还可以在立方体侧面创建茶壶，如图 2-99 所示。

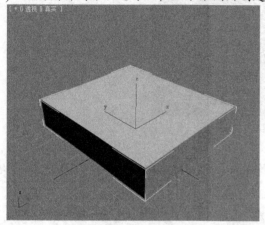

图2-98　创建长方体

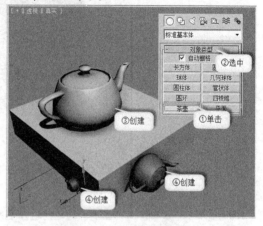

图2-99　使用自动栅格创建茶壶

2.6　思考题

1. 标准基本体有哪些类型，使用其建模有何特点？

2. 设置模型分段数时应注意什么问题？

3. 标准球体和几何球体在用法上有何不同？

4. 如何手动将两个物体的中心对齐？

5. 切角长方体在设计中有何用途？

第3章　二维建模与修改器建模

所谓二维建模，是指利用二维图形生成三维模型的建模方法。二维建模是 3ds Max 2012 建模中非常重要的一部分，也是 3ds Max 2012 建模中更具技巧性的建模方法，在标志、各种酒具和瓷器等物体的建模中经常使用，从而使三维设计更加多样化、灵活化。

【学习目标】
- 明确二维图形的特点和用途。
- 掌握常用二维图形的创建方法。
- 明确修改器的功能和用法。
- 掌握使用修改器建模的基本技巧。

3.1　创建和编辑二维图形

二维图形是指由点、线和圆弧等组成的平面图形。在 3ds Max 中，创建二维图形的最终目标是用其来生成三维模型，因此，二维建模就是指通过二维图形来创建三维模型的方法。二维建模的主要流程：创建二维图形→编辑二维图形→将二维图形转换为三维模型，如图 3-1 所示。因此，二维图形的创建和编辑是三维建模的基础。

创建基本二维图形　　　　　编辑二维图形　　　　　生成三维模型

图3-1　二维建模到三维建模的流程

3.1.1　基础知识——二维图形的创建和编辑

二维建模是在二维图形的基础上添加一些命令生成三维模型的过程。所以要进行二维建模，首先要掌握二维图形的创建和编辑。

二维图形的创建是通过图形创建面板来完成的，如图 3-2 所示。使用面板上的工具按钮创建出来的对象都可以称为二维图形。

一、　二维图形的类型

3ds Max 2012 为用户提供的图形有基本二维图形和扩展二维图形两类。

(1)　基本二维图形。

基本二维图形是指一些几何形状图形对象，有线、矩形、圆、椭圆、弧、圆环、多边形、星形、文本、螺旋线和截面 11 种对象类型，如图 3-3 所示。

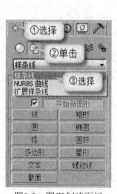

图3-2　图形创建面板

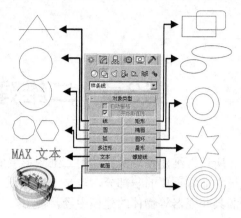

图3-3　基本二维图形

(2)　扩展二维图形。

扩展二维图形是对基本二维图形的一种补充，包括 NURBS 曲线和扩展样条线两类，如图 3-4 和图 3-5 所示。

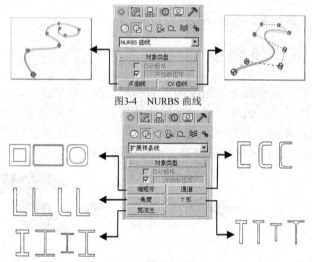

图3-4　NURBS 曲线

图3-5　扩展样条线

二、　二维图形的应用范围

二维图形在 3ds Max 2012 中的应用主要有以下 4 个方面。

(1)　作为平面和线条物体。

对于封闭的图形，可以添加【编辑网格】修改器（其用法稍后将介绍）将其变为无厚度的薄片物体，用作地面、文字图案和广告牌等，如图 3-6 所示，还可以对其进行点面设置产生曲面造型。

图3-6　添加【编辑网格】修改器制作广告牌

(2) 作为【挤出】、【车削】和【倒角】等修改器加工成型的截面图形。

① 【挤出】修改器可以将图形增加厚度，产生三维框，如图 3-7(a)所示。

② 【车削】修改器可以将曲线进行中心旋转放样，产生三维模型，如图 3-7(b)所示。

③ 【倒角】修改器可以将二维图形进行挤出成型的同时在边界上加入线性或弧形倒角，从而创建带倒角的三维模型，如图 3-7(c)所示。

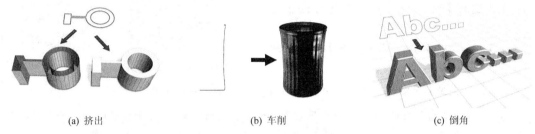

| (a) 挤出 | (b) 车削 | (c) 倒角 |

图3-7 应用修改器的前后效果

(3) 作为放样功能的截面和路径。

在放样过程中，图形可以作为路径和截面图形来完成放样造型，如图 3-8 所示。

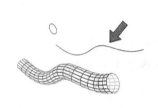
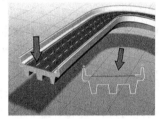

图3-8 放样造型

(4) 作为摄影机或物体运动的路径。

图形可以作为物体运动时的运动轨迹，使物体沿着线形进行运动，如图 3-9 所示。

图3-9 路径约束动画效果

三、 二维图形的创建方法

二维图形的创建方法和基本体的创建方法相似，都是通过鼠标左键的操作来进行。下面将介绍 3 种典型的二维图形的创建方法，其他类型可依此类推。

- 线。

线条是通过 线 按钮绘制而成，其创建步骤如下。

【例3-1】 创建样条线。

1. 选择【线】工具。

(1) 单击 ✿ 按钮，切换到【创建】面板。

(2) 单击 ◻ 按钮，切换到【图形】面板。

(3) 单击 <u>　线　</u> 按钮，即可选择【线】工具，如图 3-10 所示。

2. 设置初始参数。

(1) 在【图形】面板中展开【创建方法】卷展栏。

(2) 在【初始类型】分组框中选择【角点】单选项。

(3) 在【拖动类型】分组框中选择【角点】单选项，如图 3-11 所示。

图3-10 单击 　线　 按钮

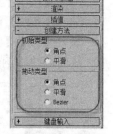

图3-11 设置初始参数

 【初始类型】分组框主要用于设置创建线条类型，例如：【角点】对应直线，【平滑】对应曲线，如图 3-12 所示。【拖动类型】分组框主要是单击并按住鼠标左键拖曳时引出的曲线类型，包括【角点】、【平滑】和【Bezier】3 种。Bezier 曲线是最优秀的曲度调节方式，它通过两个手柄来调节曲线的弯曲。

3. 创建样条线。

(1) 在视口中单击鼠标左键确定线条的第 1 个顶点。

(2) 移动鼠标指针到另一个位置，然后单击鼠标左键创建第 2 个顶点。

(3) 再移动鼠标指针到另一个位置，然后单击鼠标左键创建第 3 个顶点。

(4) 单击鼠标右键即可结束样条线的创建。

最后获得的设计效果如图 3-13 所示。

（a）选择【角点】

（b）选择【平滑】

图3-12 设置不同参数的绘制效果

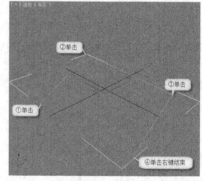

图3-13 创建样条线

 在绘制线条时，当线条的终点与起始点重合时，系统会弹出【样条线】对话框，如图 3-14 所示。单击 是(Y) 按钮即可创建一个封闭的图形。如果单击 否(N) 按钮，则继续创建线条。在绘制样条线时，按住 Shift 键可绘制直线。

● **矩形。**

矩形是通过 <u>　矩形　</u> 按钮绘制而成，其创建步骤如下。

【例3-2】 创建矩形。

1. 选择【矩形】工具。

(1) 单击 ✿ 按钮切换到【创建】面板。

(2) 单击 按钮切换到【图形】面板。

(3) 单击 <u>　矩形　</u> 按钮，即可选择【矩形】工具。

(4) 在场景中按住鼠标左键并拖曳即可创建矩形。

最后获得的设计效果如图 3-15 所示。

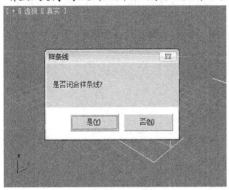

图3-14　【样条线】对话框

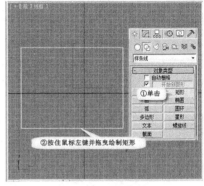

图3-15　创建矩形

2. 设置矩形参数。

(1) 单击选中场景中的矩形。

(2) 单击 按钮切换到【修改】面板。

(3) 在【参数】卷展栏中设置【长度】为"150"、【宽度】为"200"、【角半径】为"20"。

最后获得的设计效果如图 3-16 所示。

- **创建二维复合图形。**

使用二维图形工具按钮创建的图形默认情况下是相互独立的，在建模过程中经常会遇到用一些基本的二维图形来组合创建曲线，然后进行一系列剪辑等操作来满足用户的要求，此时就需要创建二维复合图形，其创建步骤如下。

【例3-3】 创建二维复合图形。

1. 单击 按钮切换到【创建】面板。

2. 单击 按钮切换到【图形】面板。

3. 在【对象类型】卷展栏中取消【开始新图形】复选项的选中状态。

4. 在场景中绘制多个图形，此时绘制的图形会成为一个整体，它们共用一个轴心点，如图 3-17 所示。

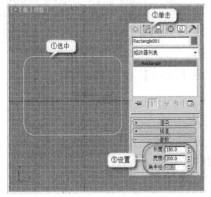

图3-16　设置矩形参数

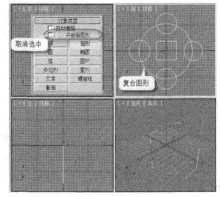

图3-17　创建复合图形

当需要重新创建独立图形时，需要重新选择【开始新图形】复选项。复合图形的线条通常具有相同的颜色，这是区分复合图形与其他独立图形最简易的方法。

- **二维图形的编辑方法。**

直接使用图形工具按钮创建的二维图形都是一些简单的基本图形，在实际运用中经常需要对二维图形的顶点、线段、样条线进行修改，如图 3-18 所示。

编辑前 编辑后

图3-18 编辑二维图形

除【线】工具绘制的图形可直接使用【修改】面板进行全面修改外（见图 3-19），其他图形都只能在修改面板中对创建参数做简单修改，需要转换为可编辑样条线后才能做全面修改。

将图形转换为可编辑样条线有以下两种方法。

① 为图形添加【编辑样条线】修改器，如图 3-20 所示。

② 选择鼠标右键快捷菜单中的【转换为可编辑样条线】命令，如图 3-21 所示。

  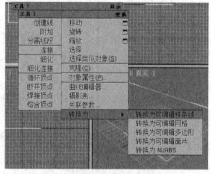

图3-19 线的【修改】面板　　　图3-20 添加【编辑样条线】修改器　　　图3-21 右键菜单

下面通过为矩形添加【编辑样条线】修改器来介绍【顶点】选择集的修改方法以及常用的【顶点】修改命令。

- **【顶点】选择集的修改。**

【顶点】选择集在修改时最常用。其主要的修改方式是通过在样条曲线上添加点、移动点、断开点、连接点等操作将图形修改至用户所需要的各种复杂形状。

【例3-4】 编辑顶点。

1. 选择【矩形】工具，在前视口中创建一个矩形，如图 3-22 所示。

2. 添加【编辑样条线】修改器。

(1) 在场景中单击选中创建的矩形。

(2) 单击 按钮切换到【修改】面板。

(3) 在【修改器列表】中选择【编辑样条线】命令，为矩形添加【编辑样条线】修改器。
如图 3-23 所示。

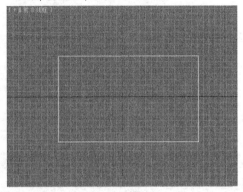

图3-22 创建矩形

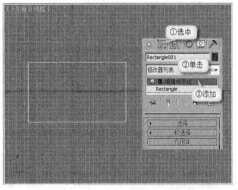

图3-23 添加【编辑样条线】修改器

3. 选择【顶点】子对象层级。

(1) 单击【编辑样条线】修改器前面的 符号展开【编辑样条线】修改器的选项。

(2) 单击选择【顶点】选项，如图 3-24 所示。

4. 添加顶点。

(1) 展开【几何体】卷展栏。

(2) 单击 优化 按钮。

(3) 将鼠标指针移至矩形的线段上，单击鼠标左键即可在相应的位置插入新的顶点。

(4) 在视口中单击鼠标右键关闭优化按钮。
最后获得的设计效果如图 3-25 所示。

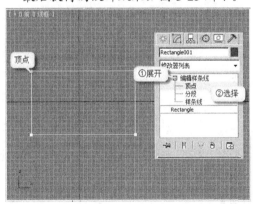

图3-24 选择【顶点】子对象层级

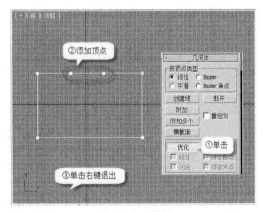

图3-25 添加顶点

5. 调整顶点。

(1) 在工具栏中单击 按钮。

(2) 逐个选中顶点并移动顶点。
最后获得的设计效果如图 3-26 所示。

当顶点被选中时，顶点左右会出现两个控制手柄，通过调节手柄可以调整样条线的曲度。

3ds Max 2012 为用户提供了 4 种类型的顶点：角点、平滑、Bezier 和 Bezier 角点。选择顶点后单击鼠标右键，在弹出的快捷菜单中的【工具 1】区内可以看到点的 4 种类型，如图 3-27 所示，选择其中的类型选项，就可以将当前点转换为相应的类型。它们的区别如下。

① 角点：角点类型将顶点两侧的曲率设为直线，在两个顶点之间会产生尖锐的转折效果，如图 3-28（a）所示。

② 平滑：平滑类型会将线段切换为圆滑的曲线，平滑顶点处的曲率是由相邻顶点的间距决定的，如图 3-28（b）所示。

③ Bezier：Bezier 类型在顶点上方会出现控制柄，两个控制柄会锁定成一条直线并与顶点相切，顶点处的曲率由切线控制柄的方向和距离确定，如图 3-28（c）所示。

④ Bezier 角点：Bezier 角点类型在顶点上方会出现两个不相关联的控制柄，分别用于调节线段两侧的曲率，如图 3-28（d）所示。

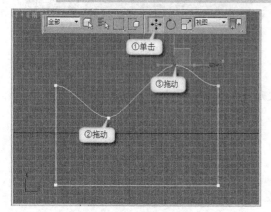

图3-26　调整顶点

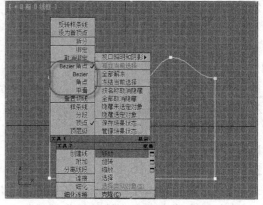

图3-27　右键菜单

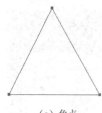

（a）角点

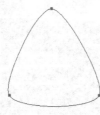

（b）平滑

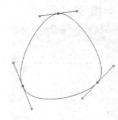

（c）Bezier

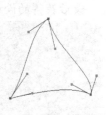

（d）Bezier 角点

图3-28　不同的顶点类型

在二维图形的【顶点】修改中，除了经常用 ___优化___ 按钮来进行添加点外，还有一些比较常用的命令，如表 3-1 所示。

表 3-1　　　　　　　　　　　　　常用的【顶点】修改命令

命令	功能
连接	连接两个断开的点
断开	使闭合图形变为开放图形
插入	该功能与 优化 按钮相似，都是加点命令，只是 优化 按钮是在保持原图形不变的基础上增加顶点，而【插入】命令是一边加点一边改变原图形的形状

续表

命令	功能
设为首顶点	第一个顶点是用来标明一个二维图形的起点，在放样设置中各个截面图形的第一个节点决定【表皮】的形成方式，此功能就是使选中的点成为第一个顶点
焊接	将两个断点合并为一个顶点
删除	删除选中的顶点。选中顶点后，利用 Delete 键也可删除该顶点
锁定控制柄	该命令只对【Bezier】和【Bezier 角点】类型的顶点生效。选择该选项后，框选多个顶点，移动其中一个顶点的控制手柄，其他顶点的控制手柄也随着相应变动

- **【分段】选择集的修改。**

要对图 3-29 所示的线段进行调整，就需要在【编辑样条线】修改器选项中选择【分段】子对象层级，并在场景中单击选中线段，就可以对线段进行一系列的操作，包括移动、断开和拆分等，如表 3-2 所示。

表 3-2　　　　　　　　　　　　常用的【分段】修改命令

命令	功能
断开	将选择的线段打断
优化	与顶点的优化功能相同，主要是在线条上创建新的顶点
拆分	通过在选择的线段上加点，将选择的线段分成若干条线段，通过在其后面的输入框中输入要加入顶点的数值，然后单击该按钮，即可将选择的线段细分为若干条线段
分离	将当前选择的线段分离

- **【样条线】选择集的修改。**

【样条线】级别是二维图形中另一个功能强大的次物体修改级别，相连接的线段即为一条样条线曲线。在【样条线】级别中，最常用的是【轮廓】和【布尔】运算的设置。

下面将介绍轮廓的创建方法。

【例3-5】 创建轮廓。

1. 在【编辑样条线】修改器选项中选择【样条线】子对象层级。
2. 单击选中场景中的样条线。
3. 在【几何体】卷展栏的【轮廓】输入框中输入 "5"。
4. 单击 [轮廓] 按钮，即可创建轮廓，设计效果如图 3-30 所示。

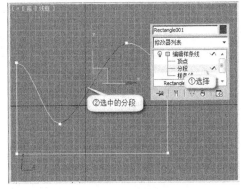

图3-29　调整分段

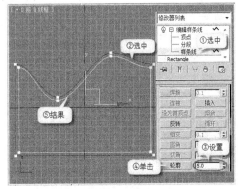

图3-30　创建轮廓

3.1.2 案例剖析——制作"中式屏风"

本实例通过绘制多个样条线，并对样条线进行修剪，然后添加【挤出】修改器来制作屏风的外形。本案例主要介绍了二维图形的绘制和调整方法与技巧，最终效果如图 3-31 所示。

【步骤提示】

1. 制作屏风的支架。
(1) 运行 3ds Max 2012。
(2) 创建矩形。
① 单击 ❋ 按钮，切换到【创建】面板。
② 单击 ❏ 按钮，切换到【图形】面板。
③ 单击 __矩形__ 按钮。
④ 在前视口中按住鼠标左键并拖曳创建一个矩形。
  最后获得的设计效果如图 3-32 所示。
(3) 设置矩形参数。
① 选中创建的矩形。
② 单击 ❏ 按钮，切换到【修改】面板。
③ 在【参数】卷展栏中设置矩形的【长度】为"220"、【宽度】为"10"。
  最后获得的设计效果如图 3-33 所示。

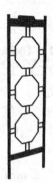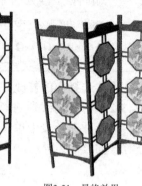

图3-31 最终效果

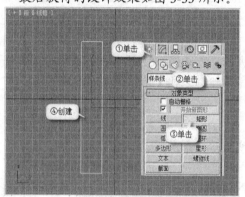

图3-32 创建矩形

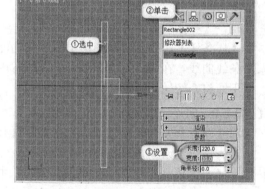

图3-33 创建轮廓

(4) 创建多边形。
① 单击 ❋ 按钮，切换到【创建】面板。
② 单击 ❏ 按钮，切换到【图形】面板。
③ 单击 __多边形__ 按钮。
④ 在前视口中创建一个多边形。
  最后获得的设计效果如图 3-34 所示。
(5) 设置多边形参数。
① 选中创建的多边形。
② 单击 ❏ 按钮，切换到【修改】面板。
③ 在【参数】卷展栏中设置多边形的【半径】为"30"、【边形】为"8"。

最后获得的设计效果如图 3-35 所示。

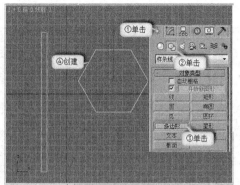

图3-34　创建多边形

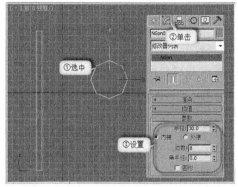

图3-35　设置多边形参数

(6)　旋转多边形。

①　选中场景中的多边形。

②　在工具栏中单击○按钮。

③　旋转多边形，使其底边平行于水平面。
　　最后获得的设计效果如图 3-36 所示。

(7)　对齐多边形。

①　选中场景中的多边形。

②　在工具栏中单击▦按钮。

③　单击拾取前面绘制的矩形，即可弹出【对
　　齐当前选择】对话框。

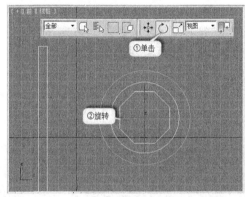

图3-36　旋转多边形

④　在【对齐当前选择】对话框中选择【X 位
　　置】、【Y 位置】、【Z 位置】复选项，选择【当前对象】分组框中的【轴点】单选项和
　　【目标对象】分组框中的【轴点】单选项。

⑤　单击 确定 按钮，使多边形对齐到矩形的中心。

⑥　获得的设计效果如图 3-37 所示。

(8)　复制多边形。

①　选中场景中的多边形。按住 Shift 键向上移动多边形，即可弹出【克隆选项】对话框。

②　在【克隆选项】对话框中选择【复制】单选项。

③　在【克隆选项】对话框中设置【副本数】为 "2"，如图 3-38 所示。

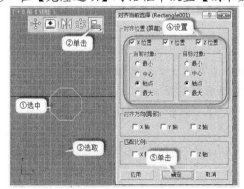

图3-37　对齐多边形

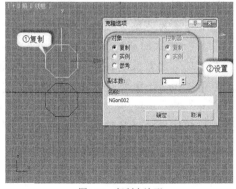

图3-38　复制多边形

④ 单击 确定 按钮，完成复制。

⑤ 移动 3 个多边形，使其在矩形上分布间隔相等。

最后获得的设计效果如图 3-39
所示。

(9) 再次创建矩形。

① 按照上面的方法在前视口中创建一个矩形。

② 在【参数】卷展栏设置矩形的【长度】为"10"、【宽度】为"80"。

③ 让矩形对齐多边形的中心。

④ 复制出两个矩形，并分别对齐到另外两个多边形的中心。

⑤ 获得的设计效果如图 3-40 所示。

(10) 转换为可编辑样条线。

① 选中步骤（2）中创建的矩形。

② 单击鼠标右键，在弹出的快捷菜单中选择【可编辑样条线】命令，将矩形转换为可编辑样条线。

最后获得的设计效果如图 3-41 所示。

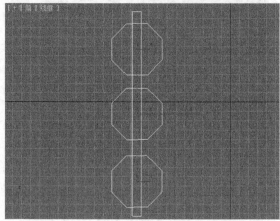

图3-39 移动多边形

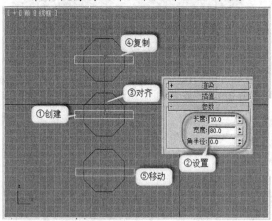

图3-40 再次创建矩形

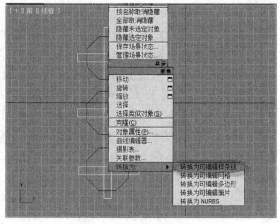

图3-41 转换为可编辑样条线

(11) 附加矩形。

① 选中转换为可编辑样条线的矩形。

② 单击 按钮切换到【修改】面板。

③ 在【几何体】卷展栏中单击 附加多个 按钮，弹出【附加多个】对话框。

④ 在【附加多个】对话框中按住 Shift 键框选选中所有的对象。

⑤ 单击 附加 按钮，将所有的图形附加在一起，变为一个单一的可编辑样条线。

最后获得的设计效果如图 3-42 所示。

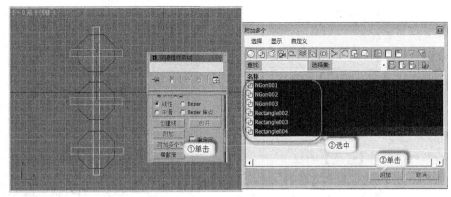

图3-42 附加矩形

(12) 修剪样条线。

① 选中场景中的样条线。

② 单击 按钮切换到【修改】面板。

③ 单击展开修改器堆栈中的【可编辑样条线】命令。

④ 选择【样条线】子对象层级。

⑤ 单击【几何体】卷展栏中的____修剪____按钮。

⑥ 逐个单击剪切中间部分的样条线。

最后获得的设计效果如图 3-43 所示。

(13) 制作轮廓。

① 在场景中框选所有的样条线。

② 在【几何体】卷展栏中设置【轮廓】值为"2"。

③ 单击【几何体】卷展栏中的____轮廓____按钮，即可创建轮廓。

最后获得的设计效果如图 3-44 所示。

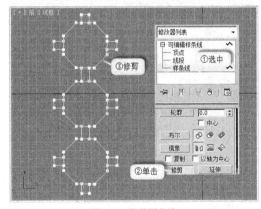

图3-43 修剪样条线

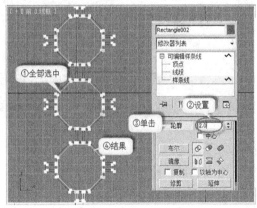

图3-44 制作轮廓

(14) 挤出图形。

① 将视口上的对象命名为"支架"。

② 在场景中框选所有的样条线。

③ 在【修改器列表】中选择【挤出】命令，为"支架"添加【挤出】修改器。

④ 在【参数】卷展栏中设置【数量】为"2"。

最后获得的设计效果如图 3-45 所示。

2. 制作屏风的左右轮廓。

(1) 创建长方体。

① 单击 ✥ 按钮切换到【创建】面板。

② 单击 ○ 按钮切换到【几何体】面板。

③ 单击 ＿长方体＿ 按钮。

④ 在前视口中创建一个长方体。

⑤ 单击 ⫰ 按钮切换到【修改】面板。

⑥ 在【参数】卷展栏中设置长方体的【长度】
为 "280"、【宽度】为 "4"、【高度】为
"4"。

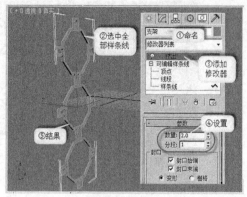

图3-45　挤出图形

⑦ 将长方体移至支架的边缘，然后复制出一个长方体，移至支架另一边的边缘。

最后获得的设计效果如图 3-46 所示。

(2) 创建矩形并转换为可编辑样条线。

① 在前视口创建一个矩形，并移至支架的顶部。

② 在【参数】卷展栏设置矩形的【长度】为 "10"、【宽度】为 "80"。

③ 选中矩形，单击鼠标右键，在弹出的快捷菜单中选择【可编辑样条线】命令，将矩形转换为
可编辑样条线。

最后获得的设计效果如图 3-47 所示。

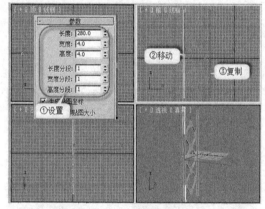

图3-46　设置长方体参数并复制矩形

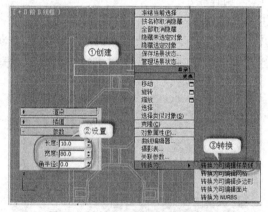

图3-47　创建矩形并转换为可编辑样条线

(3) 添加顶点。

① 选中转换后的可编辑样条线。

② 单击 ⫰ 按钮切换到【修改】面板。

③ 展开【可编辑样条线】选项，进入【顶点】子对象层级。

④ 在【几何体】卷展栏中单击 ＿优化＿ 按钮。

⑤ 在矩形上边单击添加 4 个顶点。

最后获得的设计效果如图 3-48 所示。

(4) 调整矩形形状。

① 框选中间的两个顶点。

② 按住鼠标左键并拖曳，向上移动选中的顶点。

最后获得的设计效果如图 3-49 所示。

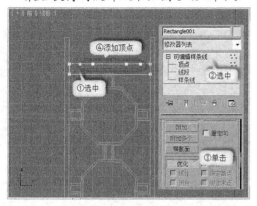

图3-48 添加顶点

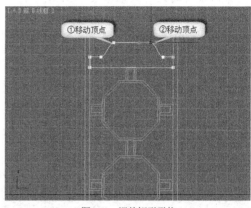

图3-49 调整矩形形状

(5) 挤出图形。

① 选中调整后的矩形。

② 在【修改】面板中添加【挤出】修改器。

③ 在【参数】卷展栏中设置【数量】为 "3"。

最后获得的设计效果如图 3-50 所示。

(6) 创建矩形。

① 在前视口中创建一个矩形，并移至支架的底部。

② 在【参数】卷展栏中设置矩形的【长度】为 "10"、【宽度】为 "80"。

③ 选中矩形，单击鼠标右键，在弹出的快捷菜单中选择【可编辑样条线】命令，将矩形转换为可编辑样条线。

最后获得的设计效果如图 3-51 所示。

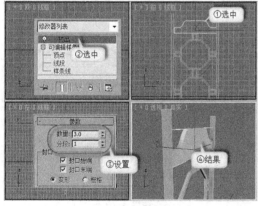

图3-50 挤出图形

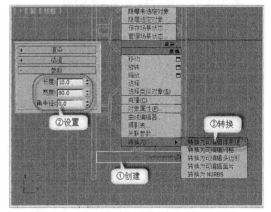

图3-51 创建矩形

(7) 添加顶点。

① 选中转换后的可编辑样条线。

② 单击 按钮切换到【修改】面板。

③ 展开【可编辑样条线】选项，进入【顶点】子对象层级。

④ 单击【几何体】卷展栏中的 优化 按钮。

⑤ 在矩形底边单击添加 6 个顶点。

最后获得的设计效果如图 3-52 所示。

(8) 逐个选中添加的顶点，然后向上移动，使其形成阶梯状，如图 3-53 所示。

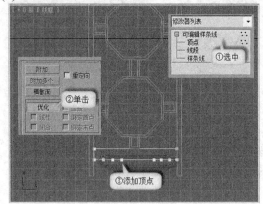

图3-52 添加顶点

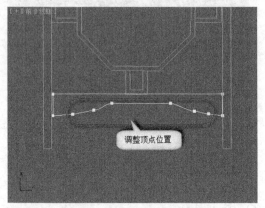

图3-53 调整矩形形状

(9) 挤出图形。

① 选中转换并调整后的可编辑样条线。

② 在【修改】面板中添加【挤出】修改器。

③ 在【参数】卷展栏中设置【数量】为"3"。

最后获得的设计效果如图 3-54 所示。

3. 制作画布。

(1) 创建多边形。

① 在前视口中创建一个多边形。

② 单击 按钮切换到【修改】面板。

③ 在【参数】卷展栏中设置多边形的【半径】为"28"、【边数】为"8"。

最后获得的设计效果如图 3-55 所示。

(2) 挤出多边形。

① 在【修改】面板中添加【挤出】修改器。

② 在【参数】卷展栏中设置【数量】为"0.3"。

③ 复制出两个多边形，并分别将 3 个多边形放置到支架的 3 个方框中。

最后获得的设计效果如图 3-56 所示。

(3) 将创建好的屏风进行复制，适当旋转后组合到一起，如图 3-57 所示。

(4) 按 Ctrl+S 键保存场景文件到指定目录，本案例制作完成。

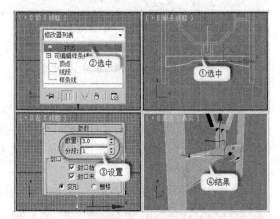

图3-54 挤出图形

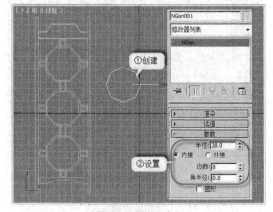

图3-55 创建多边形

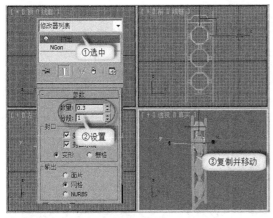

图3-56 挤出多边形

图3-57 复制屏风

3.2 修改器建模

默认情况下，二维图形是不可渲染的，即渲染场景时是看不到二维图形的，所以二维图形在创建后还需要进行一系列操作将其转换为三维模型，才能获得渲染效果。图 3-58 所示为通过二维图形创建的三维模型。

图3-58 使用二维图形创建的三维模型

3.2.1 基础知识——修改器建模

二维建模的主要方法有 3 种：一是通过二维图形的可渲染性进行建模；二是将二维图形作为截面或路径，通过复合建模工具（如放样，将在下一章介绍）建模；三是将二维图形作为基础模型，借助修改器生成三维模型。下面先简要介绍通过二维图形的可渲染性进行建模的方法，然后重点介绍使用修改器进行建模的方法。

一、 可渲染属性建模

可渲染属性建模是指通过设置【修改】面板上【渲染】卷展栏中的参数来使二维图形以管状形式来渲染出三维效果。

下面介绍可渲染属性建模的方法。

【例3-6】 可渲染属性建模。

1. 按 Ctrl+O 键，打开附盘文件"素材\第 3 章\可渲染属性\可渲染属性建模.max"，如图 3-59 所示。

2. 为栏杆边柱设置可渲染属性。

(1) 单击选中场景中的栏杆边柱。

(2) 单击 按钮切换到【修改】面板。

(3) 在【渲染】卷展栏中选择【在视口中启用】和【在渲染中启用】复选项。

(4) 选择【径向】单选项，并设置【厚度】为"1"。

最后获得的设计效果如图 3-60 所示。

3. 为栏杆中心轮廓设置可渲染属性。

(1) 单击选中场景中栏杆的中心轮廓。

(2) 单击 按钮切换到【修改】面板。

(3) 在【渲染】卷展栏中选择【在视口中启用】和【在渲染中启用】复选项。

(4) 选择【径向】单选项，并设置【厚度】为"0.5"、【边】为"12"。

最后获得的设计效果如图 3-61 所示。

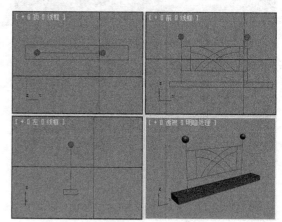

图3-59　打开模板

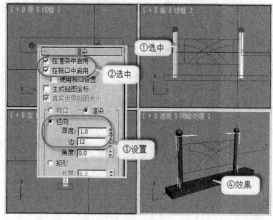

图3-60　为栏杆边柱设置可渲染属性

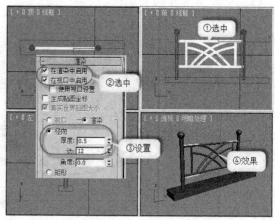

图3-61　为栏杆中心轮廓设置可渲染属性

4. 按 Shift+O 键渲染模型，效果如图 3-62 所示。

图3-62　渲染效果

【渲染】卷展栏中的常用命令及功能如表 3-3 所示。

表 3-3 　　　　　　　　　【渲染】卷展栏的常用命令及功能

参数	功能
在渲染中启用	选择该复选项，可以将二维图形渲染输出为网格对象
在视口中启用	选择该复选项，可以直接在视口中显示二维曲线的渲染效果
使用视口设置	用于控制二维曲线按视口设置进行显示。只有选择【在视口中启用】复选项时该复选项才有用
生成贴图坐标	对曲线直接应用贴图坐标
视口	基于视口中的显示来调节参数（该选项对渲染不产生影响）。当选择【显示渲染网格】和【使用视口设置】两个复选项时，该选项可能被选择
渲染	基于渲染器来调节参数，当选择【渲染】单选项时，图形可以根据【厚度】参数值来渲染
厚度	设置曲线渲染时的粗细
边	控制被渲染的线条由多少个边的圆形作为截面。例如：将该参数设置为"4"，可以得到一个正方形的剖面
角度	调节横截面的旋转角度

二、 修改器建模

在前一节中已经初步介绍了修改器的用途和用法，下面将进一步介绍其用法。

(1) 修改面板。

简单地说，修改器就是"修改对象显示效果的工具"，通过选择修改器类型和设置修改器参数可以改变对象的外观，从而获得丰富的设计结果。

【修改】面板的顶部为【修改器】面板，主要由修改器列表、修改器堆栈、操作按钮和修改器参数 4 部分组成，如图 3-63 所示。

① 修改器列表。

修改器列表为一个下拉列表，其中包含了各种类型的修改器，如图 3-64 所示。

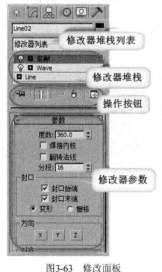

图3-63　修改面板

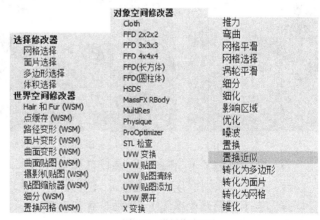

图3-64　常用修改器

② 修改器堆栈。

- 对象的创建、修改等操作会按次序放置在修改器堆栈中，先执行的操作放置在最下方，后执行的操作放置在列表上方。

- 可以将任意数量的修改器应用到一个或多个对象上，删除修改器，对象的所有更改也将消失。
- 在修改命令面板中可以应用修改器堆栈来查看创建物体过程的记录，并可以对修改器堆栈进行各种操作。
- 拖动修改器在堆栈中的位置，可调整修改器的应用顺序（系统始终按由底到顶的顺序应用堆栈中的修改器），此时对象最终的修改效果将随之发生变化。
- 右键单击堆栈中修改器的名称，通过弹出的快捷菜单可以剪切、复制、粘贴、删除或塌陷修改器。

 单击修改器前面的 🖑 按钮可以关闭当前修改器，再次单击又可以重新启用；单击修改器前面的 ➕ 按钮可以关闭展开修改器的子层级，然后选择相应的层级进行操作。

③ 操作按钮。

【修改】面板中的常用修改器操作按钮的功能如下。

- ⊞（锁定堆栈）：将堆栈锁定到当前选定对象，适用于保持已修改对象的堆栈不变的情况下变换其他对象。
- ‖（显示最终结果开/关切换）：若此按钮为 ‖（按下）状态，则视口中显示堆栈中所有修改器应用完毕后的设计效果，与当前在堆栈中选择的修改器无关；显示为 ‖（弹起）状态时，则显示堆栈中选定修改器及其以下修改器的最新修改结果。

 在图 3-65 中，立方体模型上依次添加了【拉伸】（Stretch，使对象轴向伸长）、【锥化】（Taper，使对象尺寸一端增大）、【扭曲】（Twist，使对象绕轴线旋转）和【弯曲】（Bend，使对象沿轴线弯曲）4个修改器，借助 ‖ 按钮可以依次查看各修改器组合应用后的效果。

图3-65　显示修改效果

- ⑁（使唯一）：将实例化修改器转化为副本，其对于当前对象是唯一的。
- ⑧（从堆栈中移除修改器）：删除当前修改器，其应用效果随之消失。
- 🖾（配置修改器集）：详细设置修改器配置参数。

④ 修改器参数。

在该面板中将显示所选择的修改器的详细参数，通过设置这些参数来精细调整修改器的应用效果，对于不同的修改器，其参数种类和数量并不一致。

(2) 【挤出】修改器。

【挤出】修改器、【车削】修改器和
【倒角】修改器是 3 种常用的二维建模修改
器,下面简要介绍其用法。

【挤出】修改器可以将一个二维图形
挤出一定的厚度使其成为三维物体,使用
该命令的前提是制作的造型必须由上到下
具有一致的形状,如图 3-66 所示。

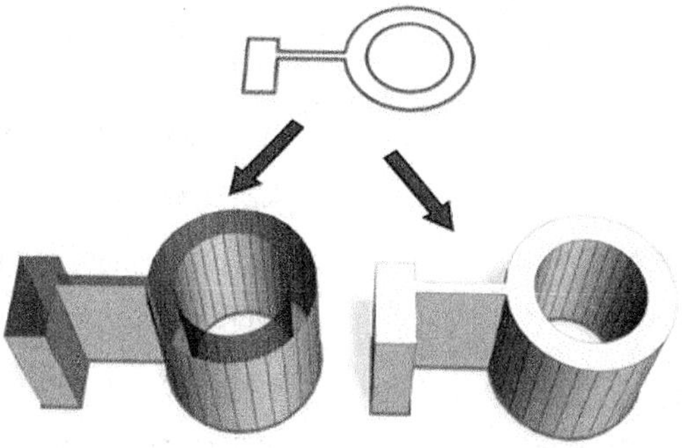

【例3-7】 应用【挤出】修改器。

1. 按 Ctrl+O 键,打开附盘文件"素材\
   第 3 章\挤出\挤出.max",如图 3-67
   所示。

2. 应用【挤出】修改器。

(1) 单击选中场景中的曲线。

(2) 单击 按钮切换到【修改】面板。

(3) 在【修改器列表】中选择【挤出】命令,为对象添加【挤出】修改器。

(4) 在【参数】面板中设置【数量】为"10"、【分段】为"1"。

最后获得的设计效果如图 3-68 所示。

图3-66 应用【挤出】修改器

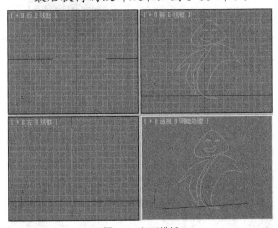

图3-67 打开模板

图3-68 添加【挤出】修改器

【挤出】修改器的【参数】卷展栏中常用的命令及功能如表 3-4 所示。

表 3-4 　　　　　　　　　　　　　　【挤出】修改器常用的命令及功能

参数	功能
数量	设置挤出的深度
分段	设置挤出厚度上的片段划分数
封口始端	在顶端加面封盖物体
封口末端	在底端加面封盖物体
变形	用于变形动画的制作,保证点面恒定不变

续表

参数	功能
栅格	对边界线进行重排列处理，以最精简的点面数来获取优秀的造型
面片	将挤出物体输出为面片模型，可以使用【编辑面片】修改器
网格	将挤出物体输出为网格模型
NURBS	将挤出物体输出为 NURBS 模型
指定材质 ID	对顶盖指定 ID 号为 "1"，对底盖指定 ID 号为 "2"，对侧面指定 ID 号为 "3"
使用图形 ID	使用样条曲线中为【分段】和【样条线】分配的材质 ID 号
平滑	应用光滑到挤出模型

(3)【车削】修改器。

【车削】修改器的作用是通过旋转一个二维图形产生三维造型，这是非常实用的造型工具，大多数旋转体都可以用这种方法创建，如图 3-69 所示。

【例3-8】 应用【车削】修改器。

1. 按 Ctrl+O 键，打开附盘文件 "素材\第 3 章\车削\车削.max"，如图 3-70 所示。
2. 应用【车削】修改器。
(1) 单击选中场景中的曲线。
(2) 单击 ⊘ 按钮切换到【修改】面板。
(3) 在【修改器列表】中选择【车削】命令，为对象添加【车削】修改器。

图3-69 应用【车削】修改器

(4) 在【参数】面板中设置【度数】为 "360"、【分段】为 "32"，并选择【焊接内核】复选项。
(5) 在【对齐】分组框中单击 最小 按钮，完成车削设置。
最后获得的设计效果如图 3-71 所示。

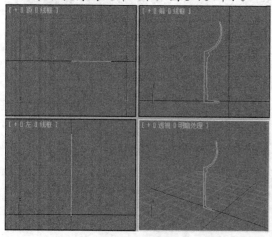

图3-70 打开模板

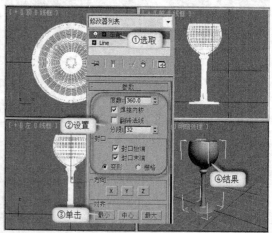

图3-71 添加【车削】修改器

【车削】修改器【参数】卷展栏中常用的命令及功能如表 3-5 所示。

表 3-5 　　　　　　　　　　　　　　　　　【车削】修改器常用的命令及功能

参数	功能
度数	设置旋转成型的角度，360°为一个完整环形，小于 360°为不完整的扇形
焊接内核	将中心轴向上重合的点进行焊接精简，以得到结构相对简单的造型，如果要作为变形物体，不能选择该项
翻转法线	将造型表面的法线方向反转
分段	设置旋转圆周上的片段划分数，值越高，造型越光滑
封口始端	将顶端加面覆盖
封口末端	将底端加面覆盖
变形	不进行面的精简计算，以便用于变形动画的制作
栅格	进行面的精简计算，不能用于变形动画的制作
方向	设置旋转中心轴的方向。X/Y/Z 分别设置不同的轴向
对齐	设置图形与中心轴的对齐方式。 最小 是将曲线内边界与中心轴对齐； 中心 按钮将曲线中心与中心轴对齐； 最大 按钮将曲线外边界与中心轴对齐

(4)【倒角】修改器。

【倒角】修改器可以对二维图形进行挤出成形，并且在挤出的同时，在边界上加入线性或弧形倒角，它只能对二维图形使用，一般用来完成文字标志的制作，如图 3-72 所示。

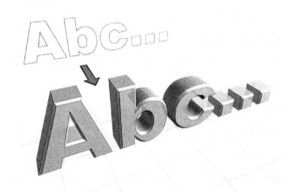

图3-72　应用【倒角】修改器

【例3-9】　应用【倒角】修改器。

1.　按 Ctrl+O 键，打开附盘文件"素材\第 3 章\倒角\倒角.max"，如图 3-73 所示。

2.　应用【倒角】修改器。

(1)　单击选中场景中的曲线。

(2)　单击 🖉 按钮切换到【修改】面板。

(3)　在【修改器列表】中选择【倒角】命令，为对象添加【倒角】修改器。

(4)　在【倒角值】卷展栏中设置【级别 1】/【高度】为"－0.5"、【轮廓】为"1"。

(5)　选择【级别 2】复选项，设置【级别 2】/【高度】为"－5"、【轮廓】为"0.5"。

(6)　选择【级别 3】复选项，设置【级别 3】/【高度】为"－0.5"、【轮廓】为"－0.5"。

　　最后获得的设计效果如图 3-74 所示。

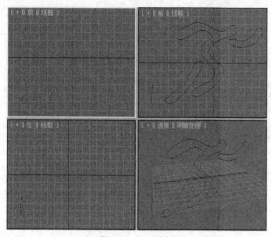

图3-73　打开模板

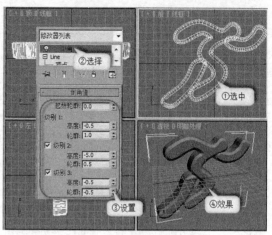

图3-74　应用【倒角】修改器

【倒角】修改器包含【参数】和【倒角值】卷展栏两项参数，如表 3-6 所示。

表 3-6　　　　　　　　　　【倒角】修改器常用的命令及功能

参数	功能
封口	对造型两端进行加盖控制，如果两端都加盖处理，则为封闭实体
始端	将开始截面封顶加盖
末端	将结束截面封顶加盖
封口类型	设置顶端表面的构成类型
变形	由一个形状向另外一个目标形状演变产生物体表面的变形动画，如面部表情变化等
栅格	进行表面网格处理，它产生的渲染效果要优于【变形】方式
曲面	控制侧面的曲率、光滑度以及指定贴图坐标
线性侧面	设置倒角内部片段划分为直线方式
曲线侧面	设置倒角内部片段划分为弧形方式
分段	设置倒角内部片段划分数，多的片段划分主要用于弧形倒角
级间平滑	控制是否将平滑组应用于倒角对象侧面。封口会使用与侧面不同的平滑组。启用此项后，对侧面应用平滑，侧面显示为弧状。禁用此项后不应用平滑组，侧面显示为平面倒角
避免线相交	对倒角进行处理，但保持顶盖不被光滑，防止轮廓彼此相交。通过在轮廓中插入额外的顶点并用一条平直的线覆盖锐角来实现
分离	设置边之间所保持的距离。最小值为"0.01"
起始轮廓	设置原始图形的外轮廓大小，如果它为"0"时，将以原始图形为基准，进行倒角制作
级别1/级别2/级别3	分别设置 3 个级别的【高度】和【轮廓】大小

3.2.2　范例解析——制作"酷爽冰淇淋"

一个完整的冰淇淋是由冰淇淋、蛋筒和包装纸构成的。冰淇淋部分主要使用【挤出】、【扭曲】和【锥化】等修改器来创建，而蛋筒和包装纸主要使用【车削】修改器来进行创建。本实例的重点是对常用二维修改器的掌握。最终效果如图 3-75 所示。

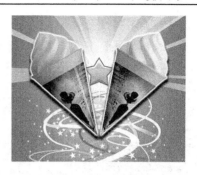

图3-75　最终效果

【步骤提示】

1.　制作冰淇淋。

(1)　运行 3ds Max 2012。

(2)　创建星形。

①　单击 ❋ 按钮切换到【创建】面板。

②　单击 ▣ 按钮切换到【图形】面板。

③　单击 ＿＿星形＿＿ 按钮。

④　在顶视口中按住鼠标左键并拖曳创建一个星形。

　　最后获得的设计效果如图 3-76 所示。

(3)　设置星形参数。

①　选中创建的星形。

②　单击 ▨ 按钮切换到【修改】面板。

③　在【参数】卷展栏中设置【半径 1】为 "80"、【半径 2】为 "60"、【圆角半径 1】为
　　 "18"。

　　最后获得的设计效果如图 3-77 所示。

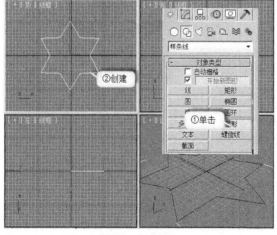

图3-76　创建星形

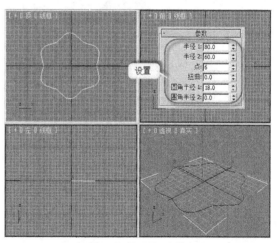

图3-77　设置星形参数

(4)　添加【挤出】修改器。

①　在【修改器列表】中选择【挤出】命令，为星形添加【挤出】修改器。

②　在【参数】卷展栏中设置【数量】为 "100"、【分段】为 "16"。

　　最后获得的设计效果如图 3-78 所示。

(5) 添加【扭曲】修改器。

① 在【修改器列表】中选择【扭曲】命令，为星形添加【扭曲】修改器。

② 在【参数】卷展栏中设置【扭曲】/【角度】为"180"、扭曲/【偏移】为"30"。

最后获得的设计效果如图 3-79 所示。

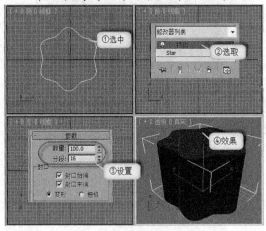

图3-78　添加【挤出】修改器

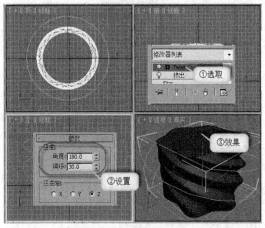

图3-79　添加【扭曲】修改器

 此步将【分段】设置为"16"，主要是让【扭曲】修改器能产生更加明显的效果，且变形更细腻，如图 3-80 所示。

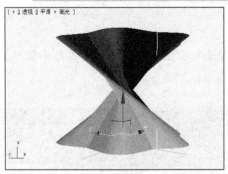

【分段】数为"1"

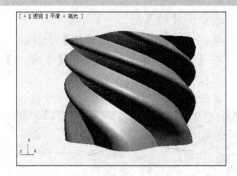

【分段】数为"16"

图3-80　设置不同【分段】数的【扭曲】效果

(6) 添加【锥化】修改器。

① 在【修改器列表】中选择【锥化】命令，为星形添加【锥化】修改器。

② 在【参数】卷展栏中设置【锥化】/【数量】为"-1.0"、【锥化】/【曲线】为"1.0"。

最后获得的设计效果如图 3-81 所示。

2. 制作蛋筒。

(1) 创建样条线。

① 单击 ✿ 按钮切换到【创建】面板。

② 单击 ❏ 按钮切换到【图形】面板。

③ 单击 ＿＿＿线＿＿＿ 按钮。

④ 在前视口中绘制蛋筒的基本轮廓线。

最后获得的设计效果如图 3-82 所示。

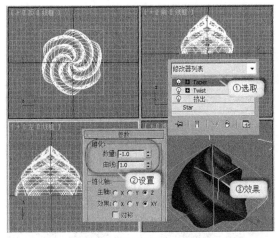

图3-81　添加【锥化】修改器

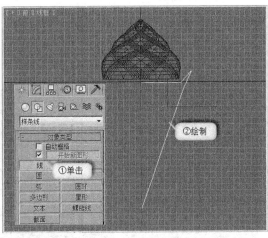

图3-82　绘制样条线

(2) 选择顶点。

① 选中场景中的样线条。

② 单击 按钮切换到【修改】面板。

③ 单击【选择】卷展栏中的 按钮。

④ 选中最右端的两个顶点。

　　最后获得的设计效果如图 3-83 所示。

(3) 调整顶点的圆滑度。

① 单击鼠标右键，在弹出的快捷菜单中选择【Bezier】命令，将选中的点转换为贝塞尔点。

② 选中最上端的顶点，调整手柄，设置顶点的圆滑度。

　　最后获得的设计效果如图 3-84 所示。

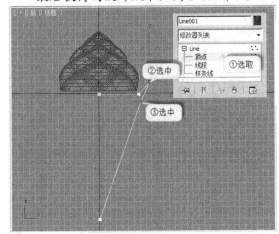

图3-83　选择顶点

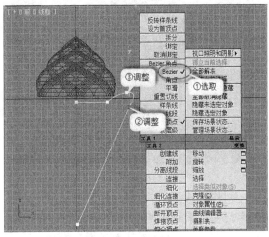

图3-84　调整顶点的圆滑度

(4) 添加【车削】修改器。

① 选取整条样条线。

② 在【修改器列表】中选择【车削】命令，为样条线添加【车削】修改器。

③ 在【参数】卷展栏中取消【焊接内核】和【翻转法线】复选项的选中状态。

④ 设置【分段】为 "32"。

⑤ 单击【对齐】选项中的 最小 按钮。

最后获得的设计效果如图 3-85 所示。

(5) 在前视口中选中蛋筒，沿 y 轴方向稍稍上下移动，使冰淇淋装与蛋筒之间的相对位置恰当，如图 3-86 所示。

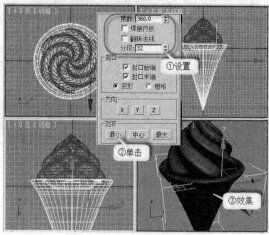

图3-85 添加【车削】修改器

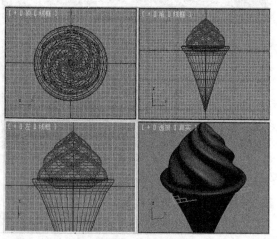

图3-86 调整冰淇淋与蛋筒之间的距离

 如果添加【车削】修改器后模型底部出现如图 3-87 所示的效果，则需要适当左移样条线最下端的顶点的位置。若车削后出现如图 3-88 所示的效果，则需要在如图 3-84 所示的样条线中进一步调整两个顶点的位置，适当调节曲线的形状和曲率。

图3-87 模型效果 1

图3-88 模型效果 2

3. 制作包装纸。

(1) 制作包装纸轮廓。

① 单击 ⚙ 按钮切换到【创建】面板。

② 单击 🔘 按钮切换到【图形】面板。

③ 单击 线 按钮。

④ 在前视口中绘制一条斜线。

最后获得的设计效果如图 3-89 所示。

(2) 添加【车削】修改器。

① 选中创建的样条线。

② 单击 ⬚ 按钮切换到【修改】面板。

③ 为样条线添加【车削】修改器。

④ 单击【对齐】选项中的 最小 按钮。

⑤ 将车削后的图形移至蛋筒的边缘。

最后获得的设计效果如图 3-90 所示。

(3) 按 Ctrl+S 键保存场景文件到指定目录，本案例制作完成。

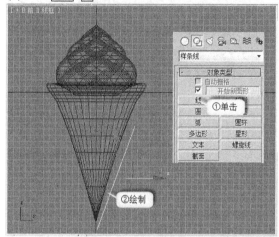

图3-89　绘制包装纸的轮廓线

图3-90　添加【车削】修改器

3.3　实训——制作"立体广告文字"

立体文字在广告中有很重要的地位，通过它可以直接表达出作品的主题，能够起到很好的宣传作用。本实例将利用【倒角】修改器来制作一个立体文字效果，如图 3-91 所示。

图3-91　最终效果

【步骤提示】

1. 创建文本。

(1) 运行 3ds Max 2012。

(2) 创建文本图形，如图3-92所示。

① 单击 按钮切换到【图形】面板。

② 单击 文本 按钮。

③ 在前视口中单击鼠标左键创建一个文本图形。

(3) 修改文本参数。

① 选中场景中的文本。

② 单击 按钮切换到【修改】面板。

③ 在【参数】卷展栏中设置字体为"Impact"。

④ 设置【文本】内容为"GOOD LUCK!"。

最后获得的设计效果如图3-93所示。

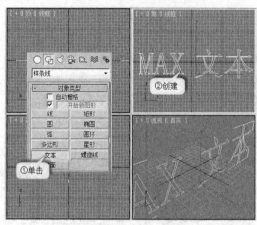

图3-92 创建文本图形

2. 设置文本的倒角效果。

(1) 添加【倒角】修改器。

① 选中场景中的文本。

② 单击 按钮切换到【修改】面板。

③ 为文本添加【倒角】修改器。

最后获得的设计效果如图3-94所示。

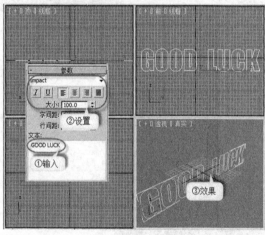

图3-93 设置文本参数

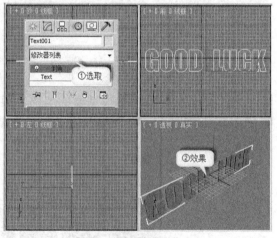

图3-94 添加【倒角】修改器

(2) 设置修改器参数。

① 展开【参数】卷展栏。

② 设置【曲面】/【分段】为"4"。

③ 在【相交】分组框中选择【避免线相交】复选项。

最后获得的设计效果如图3-95所示。

(3) 设置倒角参数。

① 展开【倒角值】卷展栏，设置【级别1】/【高度】为"25"。

② 选择【级别2】复选项，设置【级别2】/【高度】为"2.0"、【轮廓】为"-2.0"。

最后获得的设计效果如图3-96所示。

图3-95　设置修改器参数

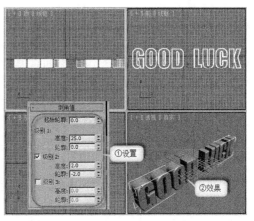

图3-96　设置倒角参数

(4)　按 Ctrl+S 键保存场景文件到指定目录，本案例制作完成。

3.4　学习辅导——创建精确长度的样条线

用户在使用 3ds Max 2012 创建二维模型时，如果需要精确建模就需要按尺寸来创建样条线，但在 3ds Max 2012 中没有提供直接设置线条长度的操作方法，那如何来设置线条的长度呢？下面将以创建一条长 100mm 的样条线为例介绍创建精确长度样条线的方法。

【步骤提示】

1.　使用【线】工具在视口中任意创建一根线条，如图 3-97 所示。
2.　设置顶点坐标。
①　进入【修改】面板，选择线条的【顶点】子层级。
②　选中其中一个顶点。
③　在 ✛ 按钮上单击鼠标右键。
④　在弹出的【移动变换输入】对话框中设置坐标【X】为"-50"、【Y】为"0"、【Z】为"0"。
⑤　选中另一个顶点。
⑥　在【移动变换输入】对话框中设置坐标【X】为"50"、【Y】为"0"、【Z】为"0"。
　　最后获得的设计效果如图 3-98 所示。

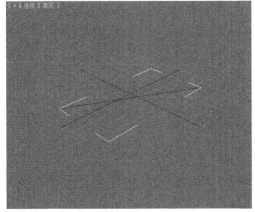

图3-97　任意创建一根线条

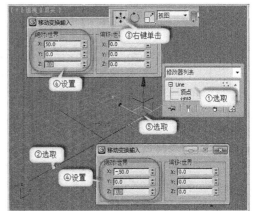

图3-98　设置顶点坐标

3.5 思考题

1. 在 3ds Max 中，二维图形的主要用途是什么，简要列举三项。
2. 如何将矩形转换为可编辑样条线？
3. 可以对一个对象使用多个修改器吗？
4. 为对象添加修改器的顺序不同，其结果会有区别吗？
5. 可编辑样条线具有几个子层级，在每个层级下能进行哪些常用操作？

第4章 复合建模和多边形建模

3ds Max 提供了丰富的建模手段用来创建精致的模型，这些手段主要有复合建模和各种高级建模工具。高级建模工具又包括多边形建模、网格建模、NURBS 建模以及面片建模等，本章将选取多边形建模作为高级建模工具的代表进行介绍。

【学习目标】

- 明确复合建模的常用工具的用法。
- 了解高级建模的特点和用途。
- 明确多边形建模的设计要领。
- 进一步熟悉综合运用多种手段创建三维模型的技巧。

4.1 复合建模

复合体建模是 3ds Max 2012 中十分常用的建模方式，通过复合建模可以快速地将两个或两个以上的对象按照一定的规范组合成为一个新的对象，从而达到一定的建模目的。

4.1.1 基础知识——创建复合对象

在【创建】面板的下拉列表中选择【复合对象】，3ds Max 2012 提供了变形、散布、连接以及布尔等 12 种复合工具，各种工具的含义及用途如表 4-1 所示。

表 4-1 各种复合工具的用途

复合工具名称	图样	复合工具名称	图样
变形 通过两个或两个以上物体间的形状变化来制作动画		散布 将一个物体无序地散布在另一个物体的表面上	
一致 将一个对象的顶点投射到另一个物体上，使被投射的物体变形		连接 将两个对象连成一个对象	

续表

复合工具名称	图样	复合工具名称	图样
水滴网格 将距离很近的物体融合到一起，可用于表现流动的液体		图形合并 将二维对象融合到三维网格对象上	
布尔 将物体按照交、并、减规则进行合成		地形 将一个或几个二维造型转化为一个面	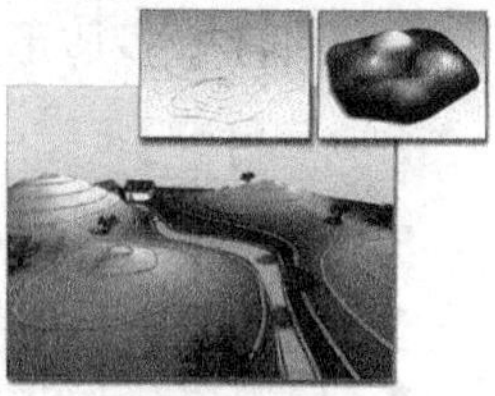
放样 将两个或两个以上的二维图形组合成为一个三维对象	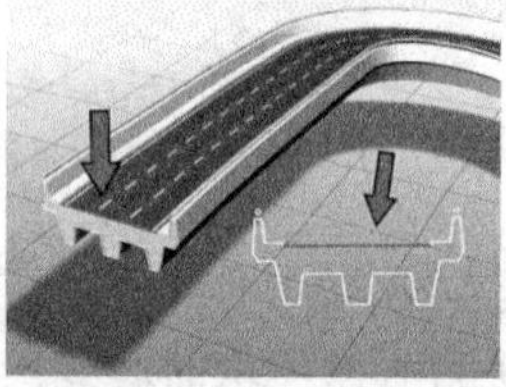	网格化 以每帧为基准将程序对象转化为网格对象，这样可以应用修改器，如弯曲	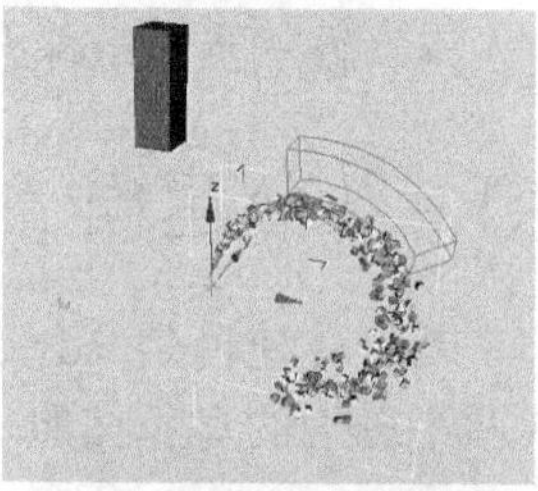
ProBoolean（超级布尔） 可将二维和三维对象组合在一起建模		ProCutter（超级切割） 用于爆炸、断开、装配、建立截面或将对象拟合在一起的工具	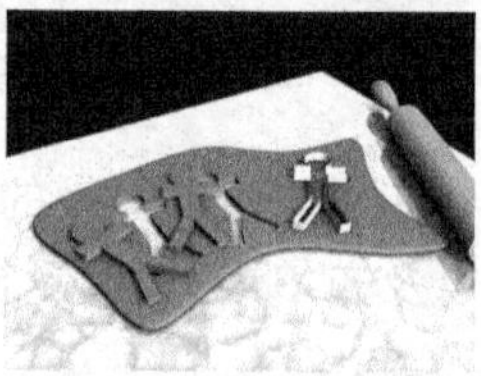

下面介绍两种常用复合工具的用法。

一、创建布尔对象

在 3ds Max 中，根据两个已经存在的对象创建一个布尔组合对象来完成布尔运算，布尔运算可以对两个对象进行"并集"、"差集"和"交集"运算。

【例4-1】 布尔运算。

1. 在场景中创建一个圆柱体和一个球体，在各个视口中调整其位置，使之中心对齐，如图 4-1 所示。
2. 选中球体对象，按照如图 4-2 所示启动布尔运算工具。
3. 在【操作】分组框中选择【并集】单选项，在【拾取布尔】分组框中单击 拾取操作对象B 按钮，然后选中创建的圆柱体，将圆柱体和球体合并为一个物体，如图 4-3 所示。合并后两个物体的颜色一致。
4. 在顶部工具栏中单击 ⟳ 按钮撤掉合并操作。在【操作】分组框中选择【交集】单选项，在【拾取布尔】分组框中单击 拾取操作对象B 按钮，然后选中圆柱体，最后得到两个物体的公共部分，如图 4-4 所示。

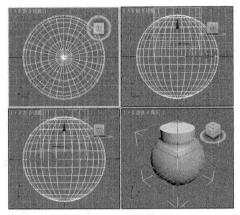

图4-1　创建对象

图4-2　选择布尔工具

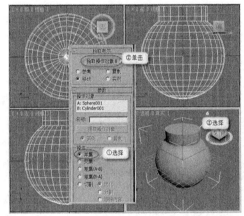

图4-3　合并对象

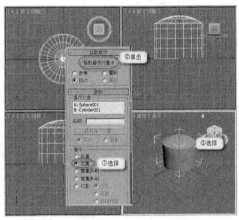

图4-4　求对象交集

5. 在顶部工具栏中单击 按钮撤掉合并操作。在【操作】分组框中选择【差集（A-B）】单选项，在【拾取布尔】分组框中单击 拾取操作对象B 按钮，然后选中圆柱体，最后得到在球体上切除柱体结构的结果，如图 4-5 所示。

6. 在顶部工具栏中单击 按钮撤销合并操作。在【操作】分组框中选择【差集（B-A）】单选项，在【拾取布尔】分组框中单击 拾取操作对象B 按钮，然后选中圆柱体，最后得到在柱体上切除球体结构的效果，如图 4-6 所示。

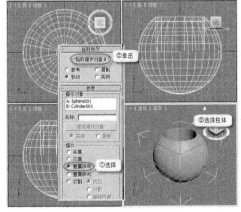

图4-5　差集（A-B）

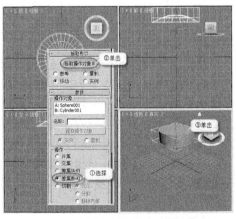

图4-6　差集（B-A）

【拾取布尔】卷展栏中 4 个选项的作用如下。

- 【参考】：可使对原始对象所应用的修改器产生的更改与操作对象 B 同步，反之则不行。
- 【复制】：如果希望在场景中重复使用操作对象 B 几何体，则可使用"复制"。
- 【移动】：如果创建操作对象 B 几何体仅仅为了创建布尔对象，而没有其他用途，则可使用"移动"方式。
- 【实例】：使用"实例"方式可使布尔对象的动画与对原始对象 B 所做的动画更改同步，反之亦然。

7. 在顶部工具栏中单击 ⟲ 按钮撤销合并操作。在【操作】分组框中选择【切割】和【优化】单选项，在【拾取布尔】分组框中单击 拾取操作对象B 按钮，然后选中圆柱体，虽然最终没有产生切割效果，但是将在球面上增加新的切割线（柱体与球体的交线），如图 4-7 所示。

选择【分割】单选项可将对象 A 分割为两个网格元素，分割后的对象只有在将其转换为网格物体后在"元素"层级下进行操作。选择【移除内部】和【移除外部】选项可以删除位于对象 B 内部或外部的对象 A 的所有面，如图 4-8 所示。

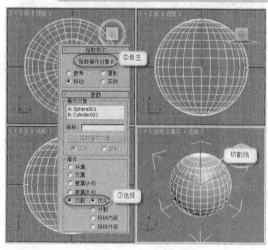

图4-7 切割操作

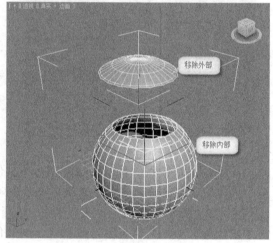

图4-8 【移除内部】和【移除外部】

二、 放样

放样是一种更加灵活的复合建模方法，具有更复杂的创建参数，用途更加广泛。

【例4-2】 放样。

1. 在顶视口中创建 4 个圆，其直径依次为 20、40、10 和 30，如图 4-9 所示。
2. 在前视口中创建直线，如图 4-10 所示。
3. 选中前面创建的第一个圆（直径为 20），按照如图 4-11 所示启动 放样 工具。
4. 在【创建方法】卷展栏中单击 获取路径 按钮，然后选中前面创建的直线作为路径，放样结果为圆柱，如图 4-12 所示。
5. 在【路径参数】卷展栏中设置【路径】值为"20"，然后在【创建方法】分组框中单击 获取图形 按钮，再选择前面创建的第 2 个圆（直径为 40），放样结果如图 4-13 所示。
6. 继续在【路径参数】卷展栏中设置【路径】值为"50"，然后在【创建方法】分组框中单击 获取图形 按钮，再选择前面创建的第 3 个圆（直径为 10），放样结果如图 4-14 所示。

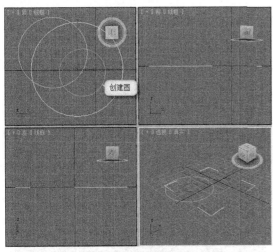

图4-9　创建圆

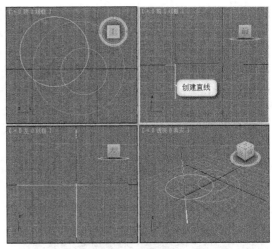

图4-10　创建直线

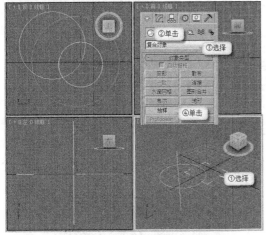

图4-11　启动放样工具

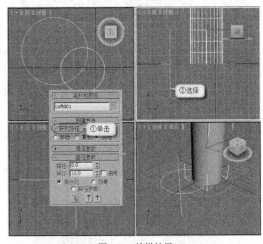

图4-12　放样结果

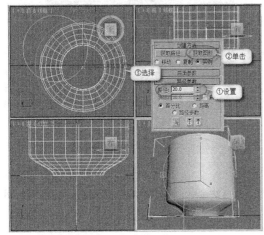

图4-13　选择截面1

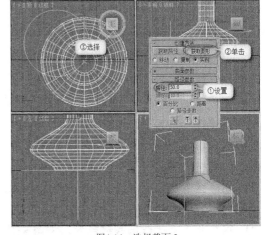

图4-14　选择截面2

7.　在【路径参数】卷展栏中设置【路径】值为"100"，然后在【创建方法】分组框中单击
　　　获取图形　按钮，再选择前面创建的第 4 个圆（直径为 30），放样结果如图 4-15 所示。

8. 继续在【路径参数】卷展栏中设置路径值为"50"，然后在【创建方法】卷展栏中单击 获取图形 按钮，再选择前面创建的第 3 个圆（直径为 10），放样结果如图 4-16 所示。

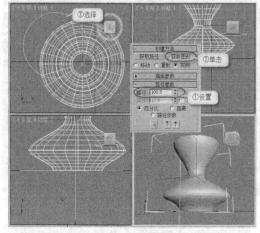

图4-15   选择截面 3

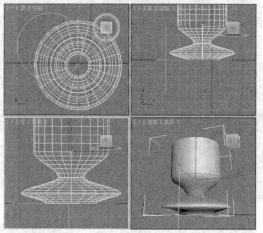

图4-16   修改路径参数

这里在【路径参数】卷展栏中选择【百分比】单选项，则按照整个路径总长度的百分比（50 表示总路径长度的 50%处）来测量路径，并在该位置应用选定的截面形状；选择【距离】单选项则根据路径的绝对长度来测量路径，上例使用【距离】选项的结果如图 4-16 所示。

4.1.2   范例解析——制作"海边小岛"

本案例将使用复合对象中的【地形】、【放样】、【一致】、【散布】4 种建模方式打造一个优美的海边小岛，如图 4-17 所示。

图4-17   最终效果

【步骤提示】

1. 制作小岛。
(1) 新建一个场景文件。
(2) 单击【创建】面板上的   线   按钮，在顶视口上绘制一条封闭的样条线，如图 4-18 所示。
(3) 使用相同方法绘制其余线条，如图 4-19 所示。

此处不必完全按照本书绘制线条，只要绘制的线条比较美观并且能满足后期制作小岛地形即可。

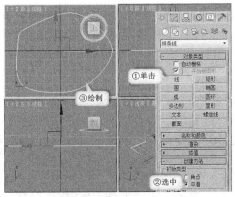

图4-18　绘制样条线

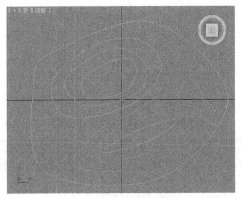

图4-19　绘制其他封闭样条线

(4) 切换到透视视口，按照封闭样条线面积越小 z 轴方向越高的规律，分别调整线条的 z 轴位置，最后得到如图 4-20 所示的立体效果。

(5) 选中封闭区域最大的样条线，单击　地形　按钮创建地形，如图 4-21 所示。

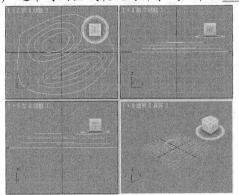

图4-20　调整封闭样条线

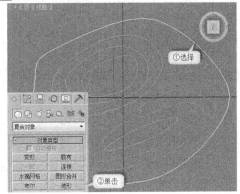

图4-21　创建地形

(6) 在【拾取操作对象】卷展栏中，单击 拾取操作对象 按钮，依次拾取场景中的其他封闭线条，便形成如图 4-22 所示的小岛山地效果。

(7) 为了操作方便，将场景中的样条线全部隐藏，如图 4-23 所示。

此处隐藏样条线的方法是一种十分有用的按类别隐藏的方法，灵活应用可以为设计带来许多便利。

图4-22　创建小岛

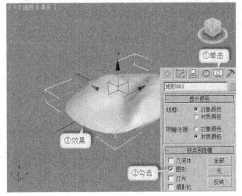

图4-23　隐藏样条线

(8) 此时观察场景中的小岛效果，可发现其过渡不够圆滑，切换到【修改】面板为其添加一个【网格平滑】修改器，如图 4-24 所示。

2. 制作公路。

(1) 在顶视口中绘制一条样条线，如图 4-25 所示。

要点提示 此处绘制的样条线作为小岛上公路的路线，故应分布在山谷区域较好，线条的弯曲情况可根据读者的喜好进行设置。

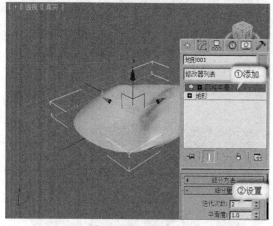

图4-24 添加网格平滑　　　　　　　图4-25 绘制样条线

(2) 单击【创建】面板上的 矩形 按钮，在前视口中绘制一个矩形，如图 4-26 所示。

要点提示 此处绘制的矩形用来作为公路的路面，矩形的宽度将是公路的宽度，读者应尽量按照本书给出的比例绘制。

(3) 选中用来表现公路路线的样条线，单击 放样 按钮，再单击 获取图形 按钮，单击用来表现路面的矩形，设置参数如图 4-27 所示。

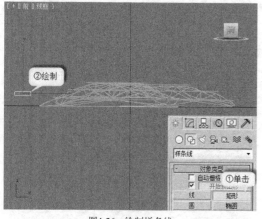
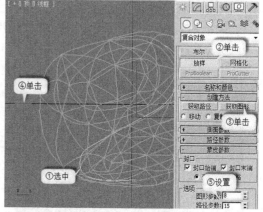

图4-26 绘制样条线　　　　　　　图4-27 创建放样

(4) 使用按类别隐藏的方法，将场景中的线条隐藏并检查公路效果，如图 4-28 所示。

(5) 确认公路没有超出小岛边界，如果超出则进入【修改】面板对路径样条线进行修改，如图 4-29 所示。

96

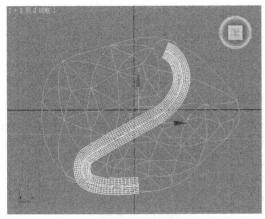

图4-28 公路效果

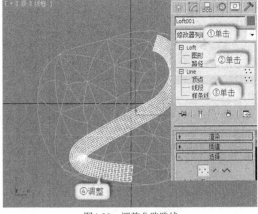

图4-29 调整公路路线

(6) 切换到透视视口，沿 z 轴向上移动公路直到高出小岛，如图 4-30 所示。

(7) 保持公路对象处于选中状态，单击 ███一致███ 按钮，选择【参考】单选项，在【拾取包裹到对象】卷展栏中单击 ███拾取包裹对象███ 按钮，选择小岛对象，如图 4-31 所示，从而创建一致。

> **要点提示** 如果从顶视口查看，公路有超出小岛的部分，这里创建一致则会出现意外的错误效果。

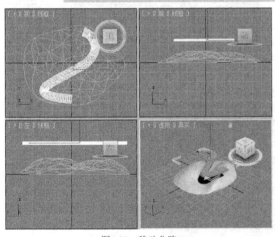

图4-30 移动公路

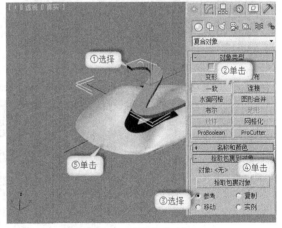

图4-31 拾取包裹对象

(8) 激活顶视口，确认【顶点投影方向】分组框中的【使用活动视口】单选项被选择，单击 ███重新计算投影███ 按钮，此时公路便附着在小岛上，选择【更新】分组框中的【隐藏包裹对象】复选项即可查看公路形状，如图 4-32 所示。

3. 布置植物。

(1) 在顶视口中创建 1 棵"大丝兰"植物，并按照如图 4-33 所示设置参数。

(2) 保持选中场景中的树对象，单击 ███散布███ 按钮，选择【移动】单选项，单击 ███拾取分布对象███ 按钮，拾取小岛对象，如图 4-34 所示，从而创建散布。

(3) 在【源对象参数】分组框中设置【重复数】值为"6"，效果如图 4-35 所示。

图4-32 重新计算投影

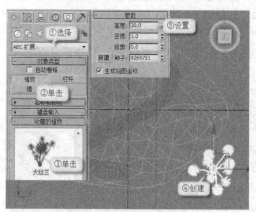

图4-33 创建植物

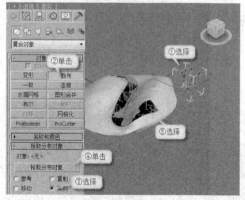

图4-34 创建散布

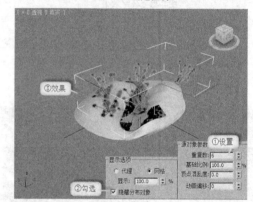

图4-35 设置参数

(4) 在顶视口中，绘制一个平面作为大海，如图 4-36 所示。

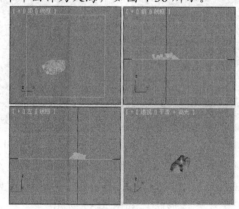

图4-36 添加海面

至此，海边小岛制作完成。

4.2 多边形建模

多边形建模是一种重要的高级建模方法，用于创建更加精细和真实的模型。一般模型都是由许多面组成的，每个面都有不同的尺寸和法线方向，通过对这些表面进行精细设计就可以创建出复杂的三维模型。

4.2.1　基础知识——创建及编辑多边形对象

与基本形体以"搭积木"的方式来创建的"堆砌建模"不同，多边形建模属于"细分建模"，就是将物体表面划分为不同大小的多边形，然后对其进行"精雕细琢"。

一、多边形建模的流程

多边形建模的一般流程如图 4-37 所示。

(1)　通过创建几何体或者其他方式建模得到大致的模型。

(2)　将基础模型转化为可编辑多边形，进入可编辑多边形的子层级进行编辑。

(3)　使用【网格平滑】或【涡轮平滑】修改器对模型进行平滑处理。

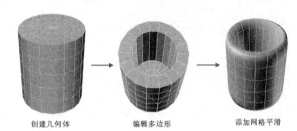

创建几何体　　　　编辑多边形　　　　添加网格平滑

图4-37　多边形建模的一般流程

二、创建与编辑多边形对象

在场景中已经创建好的对象上单击鼠标右键，在弹出的快捷菜单中选择【转换为】/【转换为可编辑多边形】命令即可将其转化为可编辑多边形，如图 4-38 所示。随后进入【修改】面板，展开【可编辑多边形】选项可以分别进入其子选项进行编辑。

> **要点提示**　为物体添加【编辑多边形】修改器后也可以将对象转换为可编辑多变形，此时的修改面板如图 4-39 所示，可以从不同层级来编辑多边形物体。

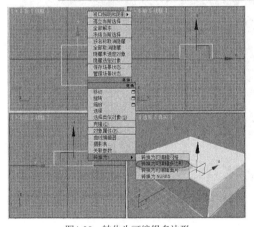

图4-38　转化为可编辑多边形

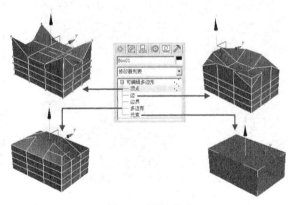

图4-39　编辑多边形

三、子物体层级

将对象转换为可以编辑多边形后，在修改器中可以看到以下 5 个层级。

(1)　顶点。

顶点是多边形网格线的交点，用来定义多边形的基础结构，当移动或编辑顶点时，可以局部改变几何体的形状。多边形物体上的顶点如图 4-40 所示。

(2)　边。

边是连接两个顶点间的线段，但在多边形物体中，一条边不能由两个以上多边形共享。

选中边以后，可以使用相应的工具对其进行【分割】和【焊接】等操作，如图 4-41 所示。

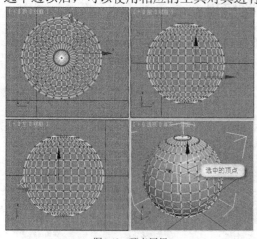

图4-40 顶点层级

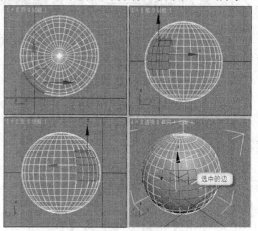

图4-41 边层级

(3) 边界。

边界是网格的线性部分，通常可描述为空洞的边缘，例如创建物体后，删除其上选定的多边形区域，则将形成边界，如图 4-42 所示。

(4) 多边形。

多边形是通过曲线连接的一组边的序列，为物体提供可渲染的曲面。在"多边形"层级下，可以使用各种编辑工具对其进行编辑操作，如图 4-43 所示。

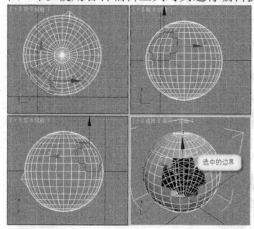

图4-42 边界层级

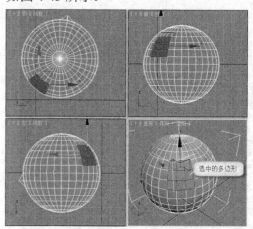

图4-43 多边形层级

(5) 元素。

元素是指单个独立的网格对象，可将其组合为更大的多边形物体，例如将一个物体删除中间部分形成两个独立区域时，则形成两个元素，如图 4-44 所示。

四、 公共参数卷展栏

无论当前处于何种层级下，参数卷展栏中都具有相同的公共参数，主要包括【选择】和【软选择】两项，如图 4-45 所示，下面对其中的常用参数做简要介绍。

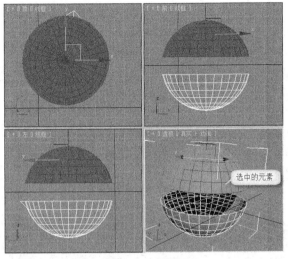

图4-44 元素层级

图4-45 参数卷展栏

(1) 【选择】卷展栏。

【选择】卷展栏的内容如图 4-46 所示，各主要选项的用法如下。

- （顶点）、 （边）、 （边界）、 （多边形）、 （元素）：这一组按钮分别表示 5 个层级，单击每个按钮可以进入相应子对象层级进行编辑操作。

- 【按顶点】：启用该项时，只有通过选择所用的顶点才能选择子对象，单击某顶点时将选中使用该顶点的所有对象（例如在【边】层级下单击选择某顶点，则可以选中与该顶点相连的所有边）。该功能在【顶点】层级下无效。

- 【忽略背面】：启用该项后，选择子对象时将只影响朝向用户这一侧的对象，不影响其背侧的对象，否则将同时选中两侧对象，如图 4-47 所示。当在非透视视口中使用框选方式选择对象时必须明确是否启用了该功能。

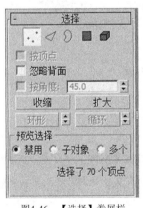

图4-46 【选择】卷展栏

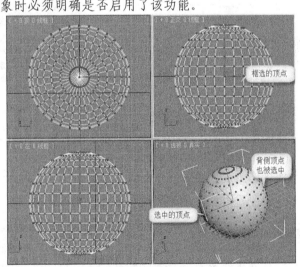

图4-47 【忽略背面】的应用

- 【按角度】：该功能只在【多边形】层级下有效，启用该项时，选择一个多边形会基于该复选项右侧设置的角度值同时选中相邻多边形，该值用于确定要选择的相邻多边形之间的最大角度。

101

（2）【软选择】卷展栏。

【软选择】卷展栏的内容如图 4-48 所示，其中主要选项用法如下。

- 【使用软选择】：选中后，会将修改应用到选定对象周围未选定的其他对象上。
- 【边距离】：选中后，将软选择限定到指定的面数。
- 【影响背面】：选中后，法线方向与选定子对象平均法线方向相反的、取消选择的面将会受到软选择的影响。
- 【衰减】：用来定义软选择区域的距离，衰减值越高，衰减曲线越平缓。
- 【收缩】：沿着垂直方向升高或降低曲线的顶点，为负值时将形成凹陷。
- 【膨胀】：沿垂直方向展开或收缩曲线。

完成以上设置后将使用曲线显示设置效果。

 在图 4-49 中，均只选中一个顶点，未启用软选择时，移动该顶点，周围顶点并不发生移动；启用软选择后，移动该顶点，周围顶点将跟随移动，距离选定顶点越近的顶点移动距离较大，距离选定顶点较远的顶点移动距离较小。

图4-48 【软选择】卷展栏

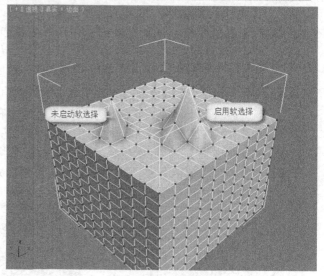

图4-49 软选择的应用

五、 子物体层级卷展栏

在选择不同的子物体层级时，相应的参数卷展栏也将有所不同。

（1）【编辑顶点】卷展栏。

选择【顶点】层级后，将展开【编辑顶点】卷展栏，如图 4-50 所示。

- 移除 ：删除选定的顶点。

 选定顶点后，按键盘上的 Delete 键可以删除该顶点，这会在网格中留下一个空洞。而移除顶点则不同，移除顶点后并不会破坏表面的完整性，顶点周围会重新接合起来形成多边形，如图 4-51 所示。

图4-50　【编辑顶点】卷展栏

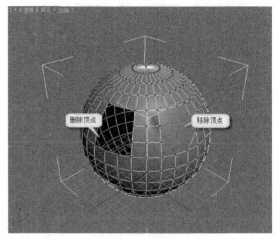

图4-51　软选择的应用

- **断开**：在与选定顶点相连的每个多边形上都创建一个新顶点，使得每个多边形在此位置都拥有独立的顶点。
- **挤出**：选中顶点后，按住鼠标左键并拖曳可以手动对其进行挤出操作，形成凸起或凹陷的结构，如图 4-52 所示。单击 **挤出** 按钮右侧的□按钮，可以在弹出的对话框中设置详细的参数。
- **焊接**：选择需要焊接的顶点后，单击 **焊接** 按钮可以将其焊接到一起。单击□按钮，在打开的对话框中设置阈值（焊接顶点间的最大距离）大小，在此距离内的顶点都将焊接到一起，如图 4-53 所示。

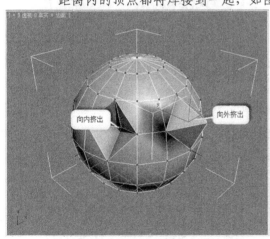

图4-52　【挤出】操作

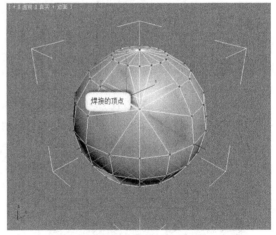

图4-53　【焊接】操作

- **切角**：单击该按钮后，可以拖动选定点进行切角处理，如图 4-54 所示。单击□按钮，可以在弹出的对话框中设置详细的参数。
- **目标焊接**：用于焊接成对的连续顶点，选择一个顶点将其焊接到相邻的目标顶点。单击一个顶点后将出现一条目标线，选中一个相邻顶点即可。
- **连接**：在选定顶点之间创建新边，如图 4-55 所示。

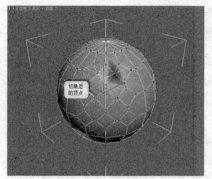

图4-54 【切角】操作

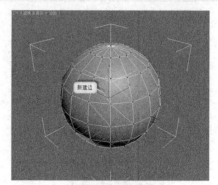

图4-55 【连接】操作

- 移除孤立顶点：删除所有不属于任何多边形的顶点。
- 移除未使用的贴图顶点：移除所有没有使用的贴图顶点。

(2) 【编辑边】卷展栏。

选择【边】层级后，将展开【编辑边】卷展栏，如图 4-56 所示。其中的常用工具用法说明如下。

- 插入顶点：在选定边上插入顶点，进一步细分该边，如图4-57所示。

图4-56 【编辑边】卷展栏

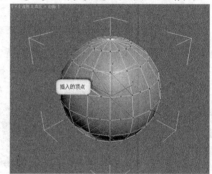

图4-57 【连接】操作

- 移除：删除选定边并将剩余边线组合为多边形。
- 分割：沿指定边分割网格，网格在指定边线处分开。
- 桥：使用多边形的"桥"连接对象的边。"桥"只连接边界边，选中两边后，将在其间创建类似"桥"的曲面，如图4-58所示。
- 连接：在选定边之间创建新边，如图4-59所示。

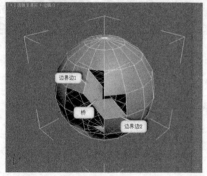

图4-58 【桥】连接

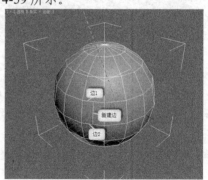

图4-59 【连接】操作

- 编辑三角形 ：用于修改绘制内边或对角线时多边形细分为三角形的方式。
- 旋转 ：用于通过单击对角线修改多边形细分为三角形的方式。

(3) 【编辑边界】卷展栏。

选择【边界】层级后，将展开【编辑边界】卷展栏，如图 4-60 所示。其中的常用工具用法说明如下。

- 挤出 ：对选定边界进行手动挤出操作，如图 4-61 所示。

图4-60 【编辑边界】卷展栏

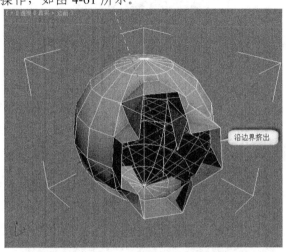

图4-61 【挤出】操作

- 插入顶点 ：在选定边界上添加顶点。
- 切角 ：对选定边界进行切角操作，如图 4-62 所示。
- 封口 ：使用单个多边形封住整个边界，如图 4-63 所示。

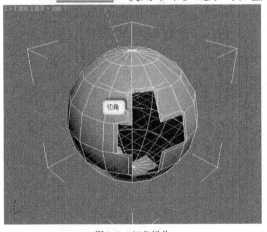

图4-62 切角操作

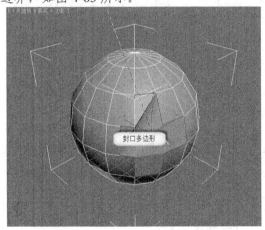

图4-63 【挤出】操作

(4) 【编辑多边形】卷展栏。

选择【多边形】层级后，将展开【编辑多边形】卷展栏，如图 4-64 所示。其中的常用工具用法说明如下。

- 轮廓 ：用于增大或减小选定多边形的外边轮廓尺寸，如图 4-65 所示。

图4-64　【编辑多边形】卷展栏

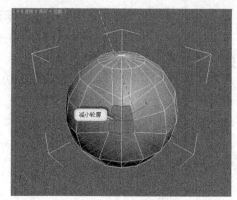

图4-65　【轮廓】操作

- **倒角**：对选定的多边形进行手动倒角操作，如图 4-66 所示。
- **插入**：在选定的多边形平面内执行插入操作，如图 4-67 所示。

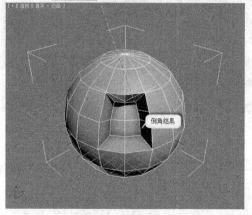

图4-66　【倒角】操作

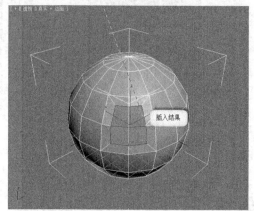

图4-67　【插入】操作

- **翻转**：翻转选定多边形的法线方向。

(5)　【编辑元素】卷展栏。

选择【元素】层级后，将展开【编辑元素】卷展栏，其中大部分工具与前面 4 种层级下的同名工具用法类似。

4.2.2　范例解析——制作"水晶鞋"

本案例将使用多边形建模方式来制作一双精美的水晶高跟鞋，案例制作完成后的效果如图 4-68 所示。

【步骤提示】

1.　制作鞋底。

(1)　运行 3ds Max 2012。

(2)　绘制矩形。

①　在【创建】面板中单击 **长方体** 按钮。

②　在顶视口中绘制一个矩形。

③　设置矩形参数。

图4-68　最终效果

④　设置矩形坐标参数。

　　最后获得的设计效果如图 4-69 所示。

(3)　转换为可编辑多边形。

①　选中绘制的矩形。

②　单击鼠标右键，选择【转换为】/【转换为可编辑多边形】命令。

　　最后获得的设计效果如图 4-70 所示。

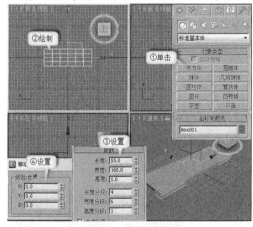

图4-69　绘制矩形

图4-70　转换为可编辑多边形

(4)　调整鞋底外形。

①　选择"顶点"子层级。

②　单独框选各处顶点，按 W 键对其位置进行调整。

　　最后获得的设计效果如图 4-71 所示。

(5)　调整后跟位置。

①　框选后跟处的顶点。

②　在前视口中向上移动 35 个单位。

③　框选中间顶点，调整其位置。

　　最后获得的设计效果如图 4-72 所示。

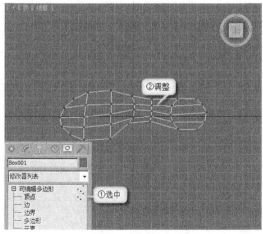

图4-71　调整鞋底外形

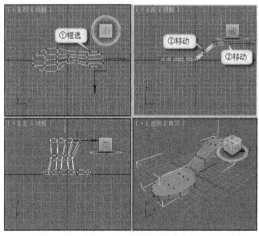

图4-72　调整后跟位置

鞋的外形可根据个人喜好进行调整，但大体结构应与图中相同，特别是鞋后跟处。

2.　制作鞋跟。

(1)　删除多余线段。

①　选择"边"子层级。

②　框选后跟内部的线段。

③　单击 <u>移除</u> 按钮进行删除。

　　设计效果如图 4-73 所示。

(2)　挤出鞋跟①。

①　选择"多边形"子层级。

②　选中后跟下侧的面。

③　单击 <u>倒角</u> 按钮后的□按钮。

④　设置倒角参数。

⑤　单击☑按钮完成倒角。

　　最后获得的设计效果如图 4-74 所示。

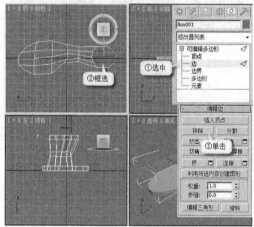

图4-73　制作鞋跟

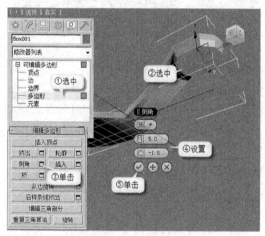

图4-74　挤出鞋跟①

 在进行多边形编辑时，可按 F4 键进入边面显示状态，从而方便选择操作。

(3)　挤出鞋跟②。

①　单击 <u>倒角</u> 按钮后的□按钮。

②　设置倒角参数。

　　最后获得的设计效果如图 4-75 所示。

(4)　挤出鞋跟③。

①　单击 <u>倒角</u> 按钮后的□按钮。

②　设置倒角参数。

　　最后获得的设计效果如图 4-76 所示。

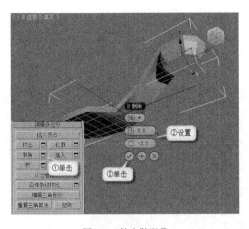

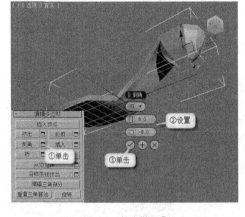

图4-75　挤出鞋跟②　　　　　　　　　图4-76　挤出鞋跟③

(5) 调整顶点位置。

① 选择"顶点"子层级。

② 在顶视口中对内部各个顶点的位置进行调整。

　　最后获得的设计效果如图 4-77 所示。

(6) 挤出鞋跟④。

① 选择"多边形"子层级。

② 单击 倒角 按钮后的□按钮。

③ 设置倒角参数。

　　最后获得的设计效果如图 4-78 所示。

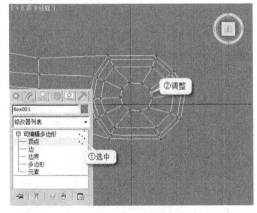

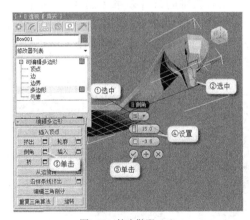

图4-77　调整顶点位置　　　　　　　　　图4-78　挤出鞋跟（4）

(7) 挤出鞋跟⑤。

① 单击 挤出 按钮后的□按钮。

② 设置挤出参数。

　　最后获得的设计效果如图 4-79 所示。

3.　制作鞋面。

(1) 新增连线①。

① 选择"边"子层级。

② 按住 Ctrl 键不放。

③ 选中前后两条边。

④ 单击 连接 按钮新增一条连线。

⑤ 按 W 键调整其位置。

最后获得的设计效果如图 4-80 所示。

图4-79 挤出鞋跟⑤

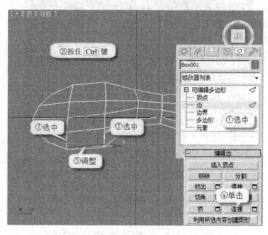

图4-80 新增连线①

(2) 新增连线②。

① 按住 Ctrl 键不放。

② 选中外侧两条边。

③ 单击 连接 按钮新增一条连线。

最后获得的设计效果如图 4-81 所示。

(3) 对边进行切角。

① 单击 切角 按钮后的□按钮。

② 设置切角参数。

最后获得的设计效果如图 4-82 所示。

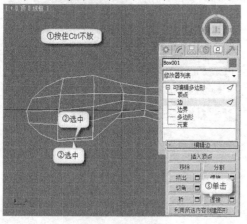

图4-81 新增连线②

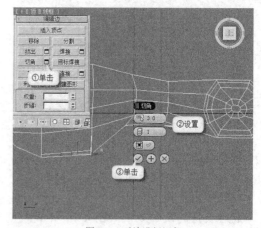

图4-82 对边进行切角

(4) 在另一侧也创建出需要的边线，最后获得的设计效果如图 4-83 所示。

(5) 选中需要调整的面。

① 选择"多边形"子层级。

② 配合 Ctrl 键选择需要调整的面。

最后获得的设计效果如图 4-84 所示。

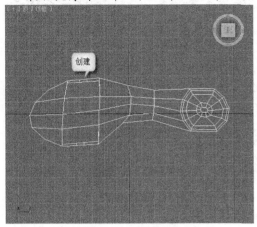

图4-83　新增连线

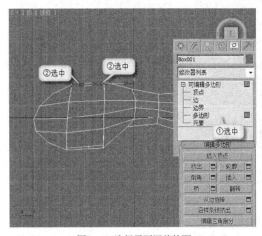

图4-84　选择需要调整的面

(6) 进行旋转挤出。

① 单击 从边旋转 按钮后的 □ 按钮。

② 单击 ⊞◎ （拾取转枢）按钮。

③ 选中内侧第 1 条线段。

④ 设置【角度】和【分段】参数。

最后获得的设计效果如图 4-85 所示。

(7) 对另一侧相对应的面也进行旋转挤出，最后获得的设计效果如图 4-86 所示。

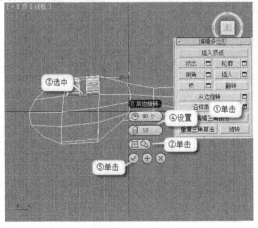

图4-85　进行旋转挤出

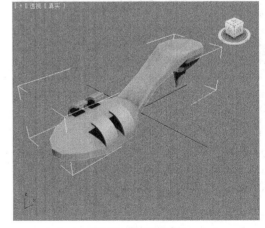

图4-86　挤出后的效果

(8) 对挤出鞋面进行桥连接。

① 按 Ctrl 键选中相对的两个面。

② 单击 桥 按钮后的 □ 按钮。

设计效果如图 4-87 所示。

(9) 设置桥连接参数，最后获得的设计效果如图 4-88 所示。

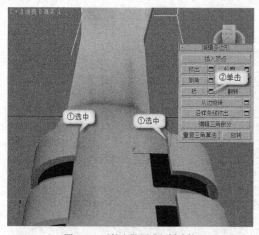

图4-87 对挤出鞋面进行桥连接

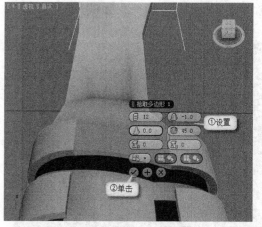

图4-88 设置桥连接参数

(10) 对另一条鞋面也进行桥连接，最后获得的设计效果如图 4-89 所示。

(11) 在两条鞋面之间也进行桥连接，最后获得的设计效果如图 4-90 所示。

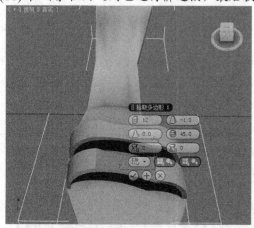

图4-89 进行桥连接

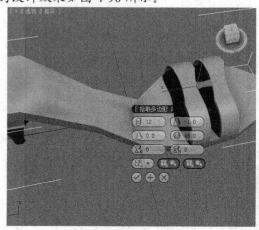

图4-90 继续进行桥连接

4. 制作后跟鞋带。

(1) 向内挤出鞋带轮廓面。

① 选择"多边形"子层级。

② 选中后跟上侧的面。

③ 单击 插入 按钮后的□按钮。

④ 设置插入参数。

    最后获得的设计效果如图 4-91 所示。

(2) 向上复制鞋带面。

① 选中后半圈轮廓面。

② 按住 Shift 键不放。

③ 将选中的面向上移动 20 个单位。

④ 选择【克隆到元素】单选项。

    最后获得的设计效果如图 4-92 所示。

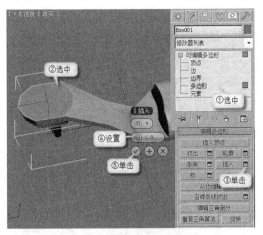

图4-91　向内挤出鞋带轮廓面

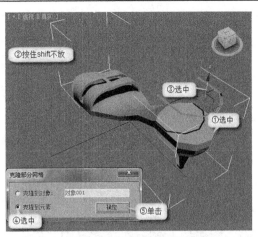

图4-92　向上复制鞋带面

(3) 挤出鞋带。

① 单击 挤出 按钮后的 □ 按钮。

② 设置挤出参数。

最后获得的设计效果如图 4-93 所示。

(4) 旋转挤出鞋带端面。

① 选中鞋带端面。

② 单击 从边旋转 按钮后的 □ 按钮。

③ 单击 （拾取转枢）按钮。

④ 选中端面的底边。

⑤ 设置【角度】和【分段】参数。

最后获得的设计效果如图 4-94 所示。

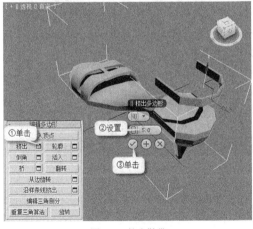

图4-93　挤出鞋带

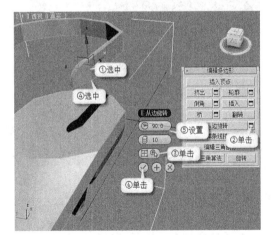

图4-94　旋转挤出鞋带端面

(5) 对另一侧端面也进行旋转挤出，最后获得的设计效果如图 4-95 所示。

(6) 向下挤出鞋带端面。

① 按 Ctrl 键同时选中鞋带两侧端面。

② 单击 挤出 按钮后的 □ 按钮。

③ 设置挤出参数。

最后获得的设计效果如图 4-96 所示。

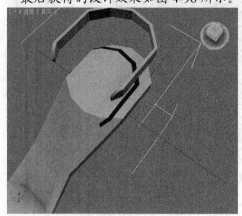

图4-95 旋转挤出鞋带端面

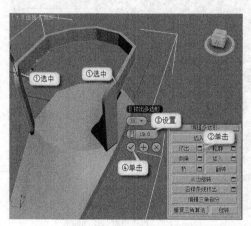

图4-96 向下挤出鞋带端面

(7) 调整鞋带外形。

① 选择"顶点"子层级。

② 对鞋带外形进行适当调整。

最后获得的设计效果如图 4-97 所示。

(8) 进行平滑处理。

① 返回父层级。

② 添加【网格平滑】修改器。

最后获得的设计效果如图 4-98 所示。

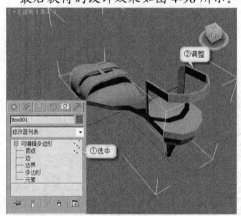

图4-97 调整鞋带外形

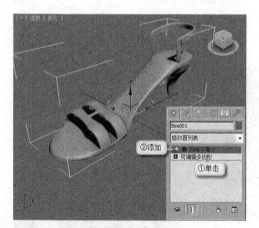

图4-98 进行平滑处理

(9) 镜像克隆出另一只鞋。

① 在工具栏中单击 按钮。

② 在【镜像轴】中选择【Y】单选项。

③ 设置【偏移】参数为"－55"。

④ 选择【实例】单选项。

⑤ 单击 确定 按钮完成镜像克隆。

最后获得的设计效果如图 4-99 所示。

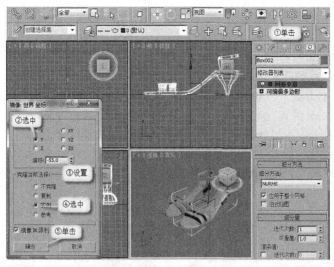

图4-99　镜像克隆出另一只鞋

(10) 按 Ctrl+S 键保存场景文件到指定目录，本案例制作完成。

4.3　实训

本实训将练习使用多边形建模方式来制作一个马克杯模型，其效果如图 4-100 所示。

【步骤提示】

1. 制作杯子把手。

(1) 创建圆柱体，如图 4-101 所示。

① 在【创建】面板中单击  按钮。

② 在透视视口中绘制一个圆柱体。

③ 设置圆柱体参数。

(2) 转换为可编辑多边形，如图 4-102 所示。

① 选中绘制的圆柱体。

② 单击鼠标右键，在弹出的快捷菜单中选择【转换为】/【转换为可编辑多边形】命令。

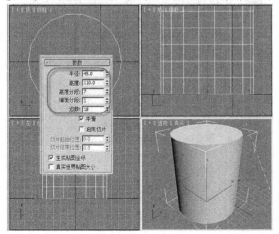

图4-101　创建圆柱体

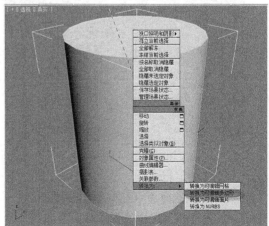

图4-102　转换为可编辑多边形

图4-100　最终效果

(3) 挤出把手上部，如图 4-103 所示。

① 选择"多边形"子层级。

② 选中把手上部位置的面。

③ 单击 [挤出] 按钮后的□按钮。

④ 设置挤出参数（高度为"30"），然后单击☑按钮。

(4) 再次进行挤出，如图 4-104 所示。

① 单击 [挤出] 按钮后的□按钮。

② 设置挤出参数（高度为"15"）。然后单击☑按钮。

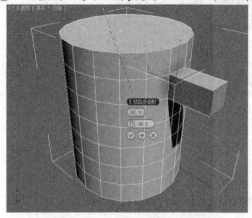
图4-103 挤出把手上部

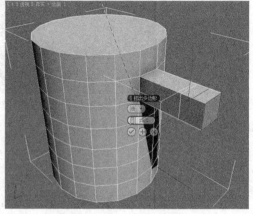
图4-104 再次进行挤出

(5) 挤出把手下部，如图 4-105 所示。

① 选中把手下部位置的面。

② 单击 [挤出] 按钮后的□按钮。

③ 设置挤出参数（高度为"20"）。然后单击☑按钮。

(6) 再次进行挤出（挤出高度为"15"），最后获得的设计效果如图 4-106 所示。

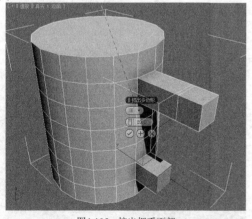
图4-105 挤出把手下部

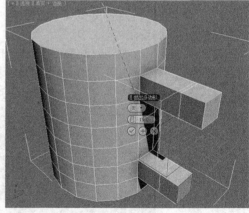
图4-106 再次进行挤出

(7) 连接上下把手。

① 按住 [Ctrl] 键选中上下把手相对的面。

② 单击 [挤] 按钮进行连接。

最后获得的设计效果如图 4-107 所示。

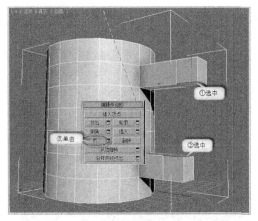
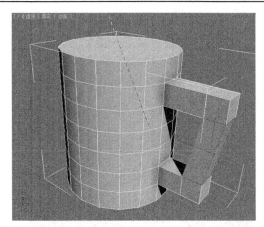

图4-107 连接上下把手

(8) 选择转角处的边，如图 4-108 所示。

① 选择"边"子层级。

② 按住 Ctrl 键选中把手转角处的边。

(9) 进行切角。

① 单击 切角 按钮后的□按钮。

② 设置切角参数（切角大小为"10"），再单击⊘按钮。

最后获得的设计效果如图 4-109 所示。

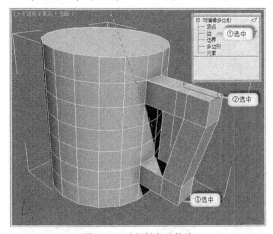
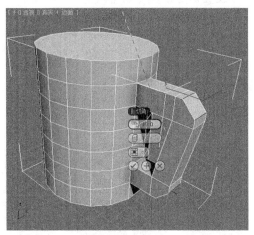

图4-108 选择转角处的边   图4-109 进行切角

2. 制作杯体。

(1) 创建杯壁。

① 选择"多边形"子层级。

② 选中杯子顶面。

③ 单击 插入 按钮后的□按钮。

④ 设置插入参数（插入值为"4.0"），再单击⊘按钮。

最后获得的设计效果如图 4-110 所示。

(2) 向下挤出杯底。

① 单击 挤出 按钮后的□按钮。

② 设置挤出参数（挤出值为"–100"），单击✓按钮。

最后获得的设计效果如图 4-111 所示。

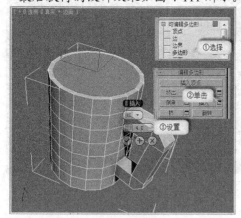

图4-110　创建杯壁

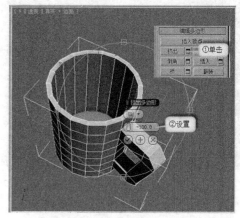

图4-111　向下挤出杯底

(3) 对杯壁顶端边线和杯底边线进行切角。

① 选择"边"子层级。

② 按住 Ctrl 键选中杯壁顶端边线和杯底边线，如图 4-112 所示。

③ 单击 切角 按钮后的□按钮。

④ 设置切角参数（切角值为"0.8"）。

最后获得的设计效果如图 4-113 所示。

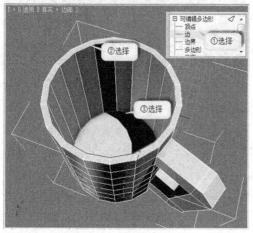

图4-112　选中需要切角的边

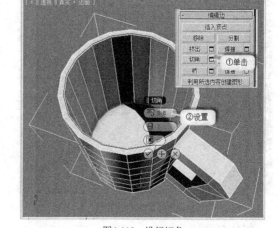

图4-113　进行切角

(4) 对把手与杯体连接处的边进行切角。

① 按住 Ctrl 键选中把手与杯体连接处的边。

② 单击 切角 按钮后的□按钮。

③ 设置切角参数（切角值为"0.5"）。

最后获得的设计效果如图 4-114 所示。

(5) 进行平滑处理。

① 返回父层级（可编辑多边形层级）。

② 添加【网格平滑】修改器。

③ 设置【迭代次数】为 "3"。

最后获得的设计效果如图 4-115 所示。

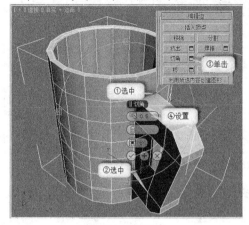

图4-114　进行切角

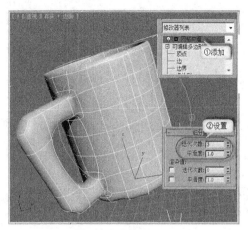

图4-115　进行平滑处理

(6) 按 Ctrl+S 键保存场景文件到指定目录，本案例制作完成。

　在添加【网络平滑】修改器之前，需要对外观基本保持恒定的边进行切角处理，以保持模型的整体外形。如果不进行切角就添加修改器，平滑效果将 "过头"，反而不理想，如图 4-116 所示。

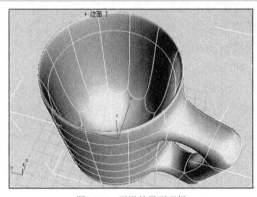

图4-116　平滑效果不理想

4.4　学习辅导——软选择的使用

软选择可以将当前选择的子层级的作用范围向四周扩散，当进行变换的时候，离原选择集越近的地方受影响越强，越远的地方受影响越弱。这在多边形建模过程中通常应用较多，下面介绍其使用方法。

1. 进入【可编辑多边形】的【顶点】子层级。
2. 展开【软选择】卷展栏，选择【使用软选择】复选项。
3. 选择需要进行调整的顶点。
4. 对顶点进行调整。

最后获得的设计效果如图 4-117 所示。

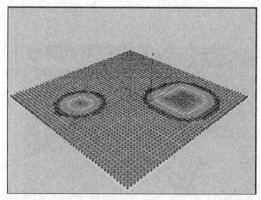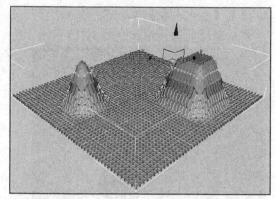

图4-117　使用软选择

通过调整【衰减】、【收缩】和【膨胀】参数，可改变受影响的范围。

4.5　思考题

1. 什么是复合对象，使用该方法建模有什么特点？
2. 什么是布尔运算，如何创建两个几何体的差运算？
3. 怎样将对象转换为可编辑多边形？
4. 可编辑多边形有哪些子层级，在每个层级下有哪些工具可以使用？
5. 【网格平滑】修改器在多边形建模中有何用途？

第5章 材质与贴图

材质可以模拟真实物体的表面特性，如色彩、纹理和透明度等，而贴图主要是模拟物体表面的纹理和凹凸效果。利用好材质与贴图可以真实地模拟物体表面的特性，增加模型的视觉冲击力，从而制作出更加生动和逼真的模型。

【学习目标】
- 明确材质与贴图的用途。
- 掌握材质编辑器的用法。
- 明确通过贴图通道设置材质属性的方法。
- 明确常用材质的用法。

5.1 使用材质编辑器

材质编辑器（Material Editor）是 3ds Max 2012 中创建、调整和指定材质的窗口，它以浮动面板的形式出现。在开始案例之前，先认识一下材质编辑器。

5.1.1 基础知识——认识材质和贴图

真实世界中的物体都具有自身的表面属性，例如玻璃的透明性、金属的光泽以及石头或木材的不同纹理等。在 3ds Max 中创建好模型后，可以通过材质编辑器来准确、逼真地表现物体的颜色、光泽和质感，如图 5-1 所示。

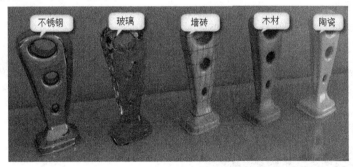

图5-1　材质应用示例

一、 材质编辑器

在【渲染】主菜单中选择【材质编辑器】/【精简材质编辑器】命令，或按 M 键打开【Slate 材质编辑器】窗口中，选择【模式】/【精简材质编辑器】命令，均可打开【材质编辑器】窗口，它主要分为示例窗、工具按钮组和参数控制区 3 大部分，如图 5-2 所示。

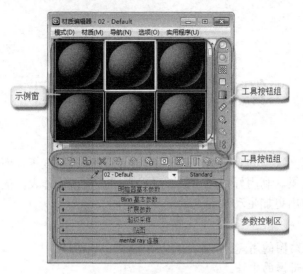

图5-2　【材质编辑器】窗口

1．示例窗

示例窗用于显示材质的调节效果，每当参数发生改变，修改后的效果就会反映到示例球上。

(1) 空白材质球。

初次打开材质编辑器，其中包含 6 个空白材质球，这些材质球通常为深灰色，既没有被选中，也未将其应用到某个特定模型上，其周围以黑色边框显示。

(2) 激活的材质。

用鼠标左键单击一个示例球，就可以将其激活，激活的示例球周围会以白色边框显示，材质被激活后即可对其进行各种编辑操作。

(3) 被应用的材质。

将材质球的参数设置好后，即可将其指定给特定的模型，从而成为被应用的材质，已经指定给模型的示例球的 4 角有三角形符号。对该类材质进行编辑操作时，材质的改变会即时显示在其关联的模型上。

以上 3 种材质球的示例如图 5-3 所示。

 在任意一个示例球上单击鼠标右键都会弹出如图 5-4 所示的快捷菜单，可以对示例球的显示状态进行控制，例如对示例球进行复制、旋转或放大等操作。选择菜单底部的选项还可以设置示例窗中材质球的数量。

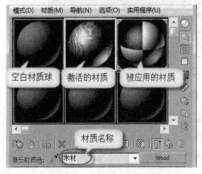

图5-3　示例球的各种材质

图5-4　鼠标右键快捷菜单

2．工具按钮

围绕示例窗的纵横两排工具按钮组用来进行各种控制操作。纵排工具针对示例窗中的显示效果，横排工具为材质的应用操作和层级跳跃，常用的工具按钮功能如图 5-5 所示。

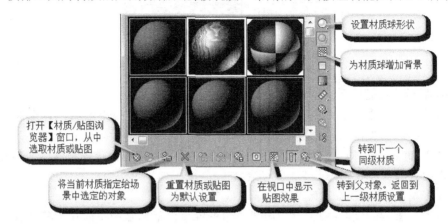

图5-5　常用的工具按钮

3．参数控制区

【材质编辑器】窗口下部是参数控制区，根据材质类型的不同以及贴图类型的不同，其内容也不同，以标准材质为例，比较常用的有【明暗器基本参数】卷展栏、【Blinn 基本参数】卷展栏和【贴图】卷展栏，如图 5-6 所示。

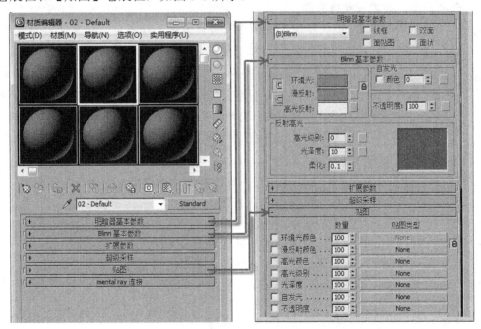

图5-6　常用参数卷展栏

(1)【明暗器基本参数】卷展栏。

主要用于选择明暗器类型，如图 5-7 所示。使用不同的明暗器可充分表现现实或超现实物体的各种特性。

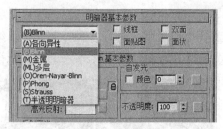

图5-7　明暗器类型

各种明暗器的功能如下。

- 【各向异性】：可以表现非正圆形的，具有方向性的高光区域，适合制作头发、丝绸以及特殊金属等材质。
- 【Blinn】：3ds Max中最为常用的明暗器，它可以表现出很多种物体的属性，例如金属、玻璃、泥土等。
- 【金属】：在表现金属时具有显著的效果。
- 【多层】：具有和各向异性明暗器类似的性质；最明显的不同在于其拥有两个高光控制区，通过高光区的分层，可以创建效果更加丰富的特效。
- 【Oren-Nayar-Blinn】：其反射区域的分布比较广泛，适合制作黏土和陶土材质。
- 【Phong】：与Blinn类似，都是以光滑方式进行表面渲染，参数也完全相同。适合表现接受光线强而薄的物体，多用于光滑的塑料、玻璃等人工质感的物体。
- 【Strauss】：具有金属性质的明暗器，适合表现像金属一样带有沉重感觉的非金属质感，如矿石或礁石等。
- 【半透明明暗器】：不仅可以表现半透明材质效果，还可以让对象的背面也产生透视性的影响，可以模拟玉石、蜡烛以及被霜覆盖或被侵蚀的玻璃。

 【Blinn】和【Phong】的对比：【Blinn】高光点周围的光晕是旋转混合的；而【Phong】是发散混合的。背光处【Blinn】的反光点形状近似圆形，清晰可见；【Phong】的反光点形状则为梭形，影响周围区域较大。增加【柔化】参数值后，【Blinn】的发光点仍保持尖锐；而【Phong】则趋向于均匀柔和。

(2)【Blinn 基本参数】卷展栏。

主要控制对象的高光、固有色和阴影效果，从而控制物体接受光线的影响情况。

- 环境光：可设置场景中对象阴影部分的颜色。
- 漫反射：可设置样本球的基本颜色或贴图。
- 高光反射：可设置样本球表面高光反射区域的颜色。
- 自发光：可设置漫反射颜色的发光强度，主要用来模拟灯等会发光的物体。
- 不透明度：可设置样本球的透明程度，值越小越透明。
- 高光级别：可设置样本球表面高光的强度。
- 光泽度：可设置样本球表面的高光分布区域。
- 柔化：可设置漫反射和高光反射区域边界的柔化程度。

(3)【贴图】卷展栏。

主要用于设置贴图方式，在不同的贴图通道中使用不同的贴图类型，可使物体在不同的区域产生不同的贴图效果。

124

【例5-1】 制作中国结。

中国结主要以红色布料材质来体现其真实的质感，渲染效果如图 5-8 所示。

图5-8 中国结

【操作步骤】

1. 赋予材质并设置材质类型。

(1) 打开附盘文件"素材\第 5 章\中国结\中国结.max"，如图 5-9 所示。

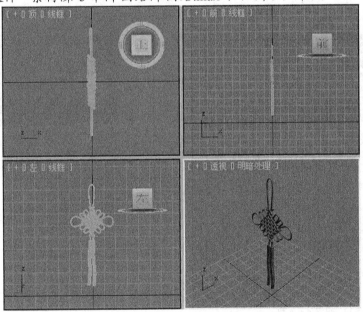

图5-9 打开场景文件

(2) 单击选中场景中的"中国结"对象。

(3) 按 M 键打开【材质编辑器】窗口，单击选中 1 个空白材质球，然后单击 按钮将当前材质赋予"中国结"对象，然后单击 Arch & Design (mi) 按钮，如图 5-10 所示。

(4) 在弹出的【材质/贴图浏览器】对话框中单击选择【标准】选项，然后单击 确定 按钮，如图 5-11 所示。

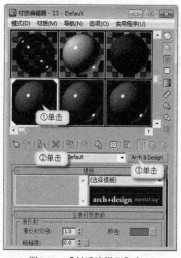

图5-10　【材质编辑器】窗口

图5-11　选择材质类型

2.　设置材质参数。

(1)　将材质命名为"中国结"，然后在【Blin 基本参数】卷展栏中的【反射高光】分组框中设置【高光级别】为"60"、【光泽度】为"20"、【柔化】为"0.5"，如图 5-12 所示。

(2)　打开【贴图】卷展栏，单击【漫反射颜色】通道右侧的 None 按钮，如图 5-13 所示。

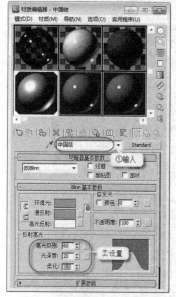

图5-12　设置材质参数

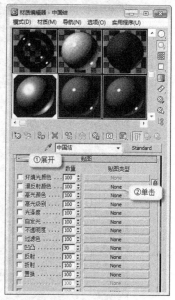

图5-13　【贴图】卷展栏

(3)　在弹出的【材质/贴图浏览器】对话框中，单击选择【位图】选项，然后单击 确定 按钮，如图 5-14 所示，打开【选择位图图像文件】对话框。

(4)　在【选择位图图像文件】对话框中选择本书附盘中的"素材\第 5 章\中国结\maps\红色布料.jpg"文件，然后单击 打开(O) 按钮，如图 5-15 所示。

126

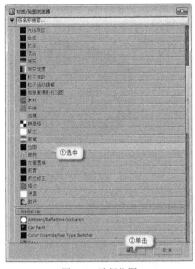

图5-14　选择位图

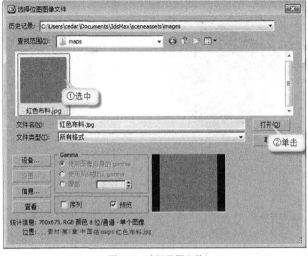

图5-15　选择贴图文件

(5) 单击如图 5-16 所示的 按钮，即可在视口中显示贴图效果，如图 5-17 所示。

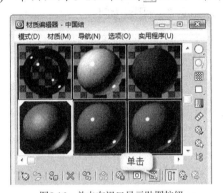

图5-16　单击在视口显示贴图按钮

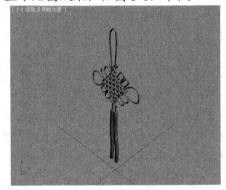

图5-17　赋予的材质效果

二、贴图

贴图可以为模型指定材质，实质上指定了物体的颜色、反光属性、透明度、粗糙和光滑程度等一系列表面属性。

(1) 认识贴图。

一个模型可以具有一种材质。也可以具有几种材质。贴图可以附加在材质上并反映物体表面变化万千的纹理效果，一个物体上可以没有贴图，但是不能没有材质。

使用贴图后，可以丰富材质的表现效果：除了改变模型表面纹理外，还可以改变反光、透明度、凹凸效果等。设置贴图后，原来材质的颜色将会受到影响，这时可以通过调节贴图的影响比例来控制最后的效果，如果设置贴图为 100%,，则原来的材质颜色将彻底失去作用，否则将显示材质和贴图的综合效果。

(2) 贴图坐标。

3ds Max 在对场景中的物体进行描述的时候，使用的是 xyz 坐标空间，但对于位图和贴图来说，使用的却是 UVW（分别与 xyz 对应）坐标空间。

(3) UVW 坐标。

位图的 UVW 坐标表示贴图在不同方向上的缩放比例。图 5-18 所示为同一张贴图使用不同的坐标所表现出的 3 种不同效果。

| *UV* 坐标 | *VW* 坐标 | *WU* 坐标 |

图5-18 不同坐标表现的不同贴图效果

 位图是由彩色像素的固定矩阵生成的图像，形状如马赛克。位图可以用来创建多种材质，从表面纹理到蒙皮、羽毛等细腻材质。还可以使用动画或视频文件代替位图来创建动画材质。

(4) 贴图参数。

在默认情况下，每创建一个对象，系统都会为它制定一个基本的贴图坐标，该坐标可以通过贴图的【坐标】卷展栏进行调整，如图 5-19 所示。主要参数用法如下。

- 【纹理】：将贴图作为纹理应用于模型表面。
- 【环境】：使用贴图作为环境贴图。
- 【偏移】：在 *U*（左右方向）*V*（上下方向）坐标中更改贴图位置，从而移动贴图位置。
- 【瓷砖】：将贴图类似"瓷砖"在 *UV* 坐标方向平铺，在文本框中设置平铺数量。
- 【镜像】：在 *UV* 坐标方向镜像贴图。
- 【角度】：设置贴图绕 *UVW* 坐标旋转的角度。

(5) 【UVW 贴图】修改器。

当需要更好地控制贴图坐标时，可以单击 进入【修改】面板，在【修改器列表】下拉列表中选择【UVW 贴图】修改器，为对象指定一个 *UVW* 贴图坐标，然后在【参数】卷展栏对贴图方式进行设置，如图 5-20 所示。

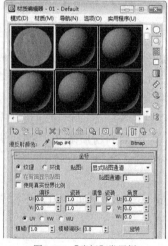

图5-19 【坐标】卷展栏

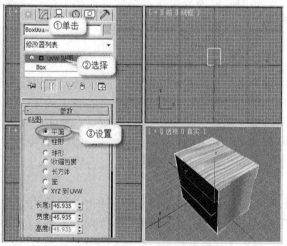

图5-20 添加【UVW 贴图】修改器

三、 贴图通道

在材质应用中，贴图的作用非常重要，3ds Max 提供了多种贴图通道，如图 5-21 所示，在不同的贴图通道中使用不同的贴图类型，可以产生不同的贴图效果。

3ds Max 2012 为标准材质提供了 12 种贴图通道，其功能如下。

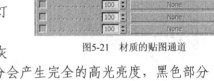

* 【环境光颜色】贴图通道：可以在环境光的范围内产生纹理，环境光颜色是对象的阴影部分所显示的颜色。

* 【漫反射颜色】贴图通道：可以表现材质的纹理效果，相当于在物体表面绘制纹理，漫反射颜色就是当受到灯光照明时，物体表面显示的颜色。

* 【高光颜色】贴图通道：使贴图结果只作用于物体的高光部分，高光颜色是物体受到灯光照射后，表面高亮显示的颜色。

图5-21　材质的贴图通道

* 【高光级别】贴图通道：可以根据贴图的灰度值改变材质的高光亮度。贴图的白色部分会产生完全的高光亮度，黑色部分则不会产生高光。

* 【光泽度】贴图通道：可以根据贴图的灰度值决定高光出现的位置，贴图的黑色区域会产生高光效果。

* 【自发光】贴图通道：既可以根据贴图的灰度数值确定材质的自发光的强度，也可以将贴图的颜色作为自发光的颜色。

* 【不透明度】贴图通道：利用图像的明暗度在物体表面产生透明效果，纯黑色的区域完成透明，纯白色的区域完全不透明，这是一种非常重要的贴图方式，可以为玻璃杯加上花纹图案。

* 【过滤色】贴图通道：用于过渡方式的透明材质，它可以根据贴图在过渡色表面进行染色，主要用于制作彩色玻璃效果。

* 【凹凸】贴图通道：可以根据贴图的灰度值来影响物体表面的光滑程度，使物体的表面呈现凹陷或凸起的效果。

* 【反射】贴图通道：常用来模拟金属、玻璃光滑表面的光泽或镜子反射。当模拟对象表面的光泽时，贴图强度不宜过大，否则反射将不自然。

* 【折射】贴图通道：用于模拟不同介质的折射效果。用于制作玻璃、水晶或其他包含折射特性的透明材质。

* 【置换】贴图通道：可以根据贴图的灰度值改变模型表面多边形顶点的分布情况。

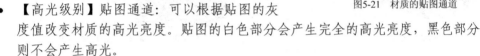

贴图通道前面的【数量】参数值用于设置贴图通道的强度，贴图通道的强度越大，贴图作用的效果就越明显。单击每个贴图通道后的 _____None_____ 按钮即可打开【材质/贴图浏览器】窗口，为选定的通道添加贴图。

5.1.2 范例解析——制作"包装盒"

本节包装盒的制作主要用【多维/子对象】材质来对模型的 6 个面进行单独贴图，渲染效果如图 5-22 所示，6 张贴图面组合效果如图 5-23 所示。该案例主要用于讲解贴图和贴图通道的一些基本操作，从而让读者对贴图和贴图通道有一个初步的认识和了解。

图5-22　包装盒

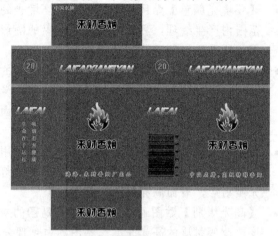

图5-23　包装盒不同面的贴图效果

【操作步骤】

1. 创建模型并设置 ID。

(1) 新建一个空白文档，然后在顶视口中创建一个长方体，在【修改】面板中设置【名称】为"香烟盒"，并设置其他参数如图 5-24 所示。

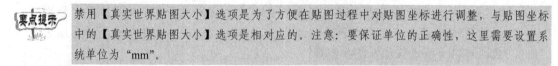

禁用【真实世界贴图大小】选项是为了方便在贴图过程中对贴图坐标进行调整，与贴图坐标中的【真实世界贴图大小】选项是相对应的。注意：要保证单位的正确性，这里需要设置系统单位为"mm"。

(2) 选中长方体，单击 按钮，进入【修改】面板，在【修改器列表】下拉列表中选择【编辑多边形】修改器，然后进入到【多边形】层级，并在左视口中单击选中长方体的正面，在【曲面属性】卷展栏中将【材质】区域的【设置 ID】参数设置为"1"，如图 5-25 所示。

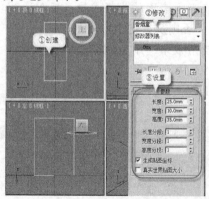

图5-24　创建一个长方体

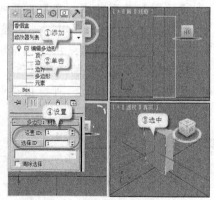

图5-25　设置长方体的正面"ID"为 1

(3) 在透视视口中选中长方体的左面，然后在【曲面属性】卷展栏中将【材质】区域的
【设置 ID】参数设置为"2"，如图 5-26 所示。

要点提示　在透视视口中选择面的小技巧"左键轮选"：当要选择的目标平面前有其他平面时，可以先选
中其他平面，然后用鼠标左键单击目标平面所在的区域，则可以选择被挡住的目标平面，此
时如果再单击一次鼠标左键，则会重新选择前面的面。

(4) 单击 🔄 按钮向右旋转透视视图，然后选中长方体的背面，并在【曲面属性】卷展栏中
将【材质】区域的【设置 ID】参数设置为"3"，如图 5-27 所示。

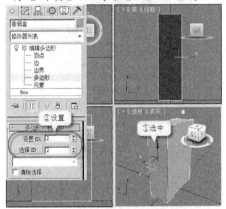

图5-26　设置长方体的左面"ID"为 2

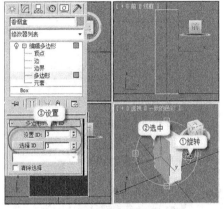

图5-27　设置长方体的背面"ID"为 3

(5) 按照上面的方法对其他面进行 ID 设置，如图 5-28 所示。

2. 添加多维/子对象材质。

(1) 按 M 键打开【材质编辑器】窗口，单击选中一个空白
材质球，然后单击 🔳 按钮将当前材质赋予"香烟盒"
对象，并单击 Standard 按钮，如图 5-29 所示。

(2) 在弹出的【材质/贴图浏览器】对话框中选择【多维/
子对象】选项，然后单击 确定 按钮，如图 5-30
所示。

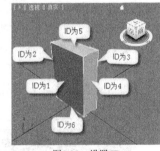

图5-28　设置 ID

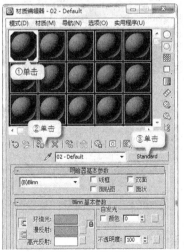

图5-29　赋予材质

图5-30　选择【多维/子对象】选项

(3) 在弹出的【替换材质】对话框中选择【丢弃旧材质】单选项，然后单击 确定 按钮，如图 5-31 所示。

(4) 在【多维/子对象基本参数】卷展栏中单击 设置数量 按钮，打开【设置材质数量】对话框，然后设置【材质数量】为 "6"，单击 确定 按钮，如图 5-32 所示。

图5-31　【替换材质】对话框

图5-32　设置材质数量

> **要点提示**　因为包装盒有 6 个面需要贴图，所以将子材质数量设置为 6 个。材质的 ID 数与模型 6 个面设置的 ID 数是相对应的，ID 数为 "2" 的材质将赋予在模型 ID 数为 "2" 的面上。

3.　设置子对象材质的贴图。

(1) 在【多维/子对象基本参数】卷展栏中单击【ID】为 "1" 的子材质右边的 无 按钮，选择标准材质，如图 5-33 所示，进入标准材质面板。

(2) 在标准材质面板的【明暗器基本参数】卷展栏中设置阴影模式为 "Phong"，然后在【Phong 基本参数】卷展栏中设置【自发光】为 "80"，如图 5-34 所示。

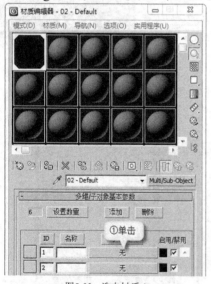

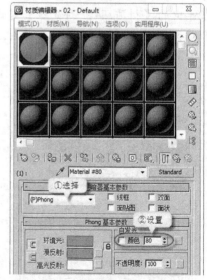

图5-33　选中材质1

图5-34　设置材质1的基本参数

(3) 在【贴图】卷展栏中单击【漫反射颜色】通道右侧的 None 按钮，打开【材质/贴图浏览器】对话框，选择【位图】选项，并单击 确定 按钮，如图 5-35 所示。

(4) 随后打开【选择位图图像文件】对话框，选择本书附盘中的"素材\第 5 章\包装盒\maps\Front.png"文件，并单击 打开(O) 按钮，如图 5-36 所示。

图5-35　选择位图

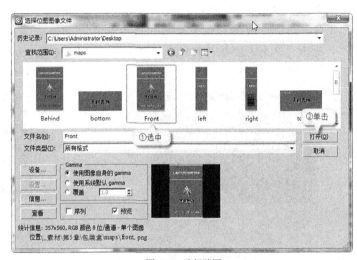

图5-36　选择贴图

(5) 在【漫反射颜色通道】面板中的【坐标】卷展栏中取消选择【使用真实世界比例】复选项，并设置【平铺】参数都为"1.0"，如图 5-37 所示。

(6) 单击 按钮，在透视视口中选择【一致的色彩】选项，即可在视口中显示贴图效果，如图 5-38 所示。

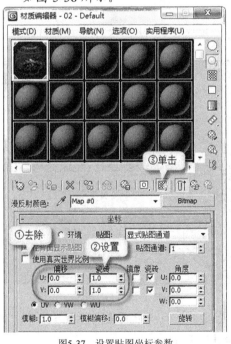

图5-37　设置贴图坐标参数

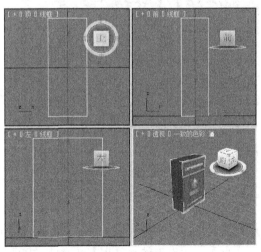

图5-38　贴图效果

(7) 单击 按钮返回最上层材质，在【多维/子对象基本参数】卷展栏中单击【ID】为"2"的子材质右边的 Material #92（Standard）按钮，进入对应的材质面板，在【明暗器基本参数】

卷展栏中设置阴影模式为 "Phong"，然后在【Phong 基本参数】卷展栏中设置【自发光】为 "80"，如图 5-39 所示。

(8) 在【贴图】卷展栏中设置【漫反射颜色】通道贴图为本书附盘中的 "素材\第 3 章\包装盒\maps\left.png" 文件，然后在【漫反射颜色通道】面板中的【坐标】卷展栏中取消【使用真实世界比例】选项的选中状态，并设置【平铺】参数都为 "1.0"，如图 5-40 所示。单击图按钮，即可在视口中显示贴图效果，如图 5-41 所示。

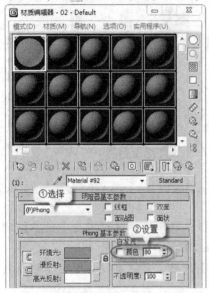

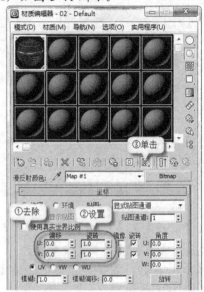

图5-39　设置材质 2 的基本参数　　　　　　图5-40　设置材质 2 的贴图坐标参数

(9) 用同样的方法分别设置材质 3 的贴图为 "Behind.png"、材质 4 的贴图为 "right.png"。材质 4 的贴图效果如图 5-42 所示。

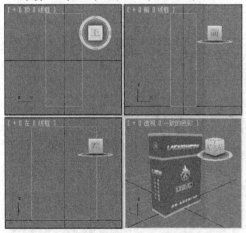

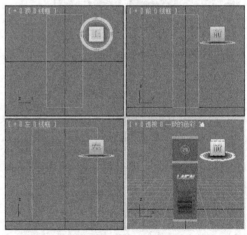

图5-41　材质 2 的贴图效果　　　　　　　图5-42　材质 4 的贴图效果

(10) 设置材质 5 贴图为 "Top.png" 并在【漫反射颜色通道】面板中的【坐标】卷展栏中的【角度】区域下设置【W】参数为 "90"，如图 5-43 所示。

(11) 设置材质 6 贴图为 "bottom.png" 并在【漫反射颜色通道】面板中的【坐标】卷展栏中的【角度】区域下设置【W】参数为 "–90"，如图 5-44 所示。

设置【W】参数主要是旋转贴图角度，使顶部和底部的贴图上的文字指向包装盒的正面。

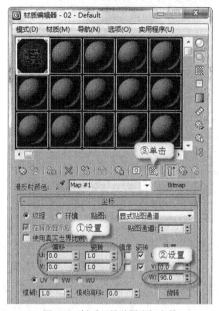
图5-43　材质 5 的贴图坐标参数

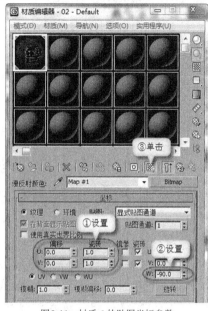
图5-44　材质 6 的贴图坐标参数

(12) 至此，本案例制作完成，在透视视口中的显示效果如图 5-45 所示，渲染效果如图 5-22 所示。

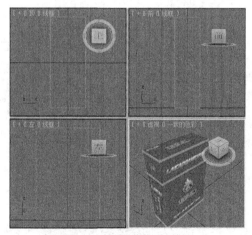
图5-45　材质最终的显示效果

读者可能注意到了，在本例第 3 步中的（5）~（11）分步实际上是在重复第 3 步的（1）~（4）分步的设置方法，只是参数设置略有不同而已。下面接着第 3 步第（4）分步，来介绍另一种设置方法。

(1) 单击 按钮返回最上层材质，在【多维/子对象基本参数】卷展栏中，单击并按住鼠标左键拖曳【ID】为 "1" 的子材质右边的 Material #92 (Standard) 按钮到下方的 无 按钮上，选择复制方式，将 ID 为 "1" 的子材质复制到 ID 为 "2" 的子材质中，并依次将材质复制到 ID 号 "3" ～ "6" 的子材质中，如图 5-46 所示。这么做的原因是因为每个子材质的参数设置只有少量区别，如果先复制各个子材质为同样的材质，再更改不同参数，便可以提高效率，可以省略设置重复参数的时间。

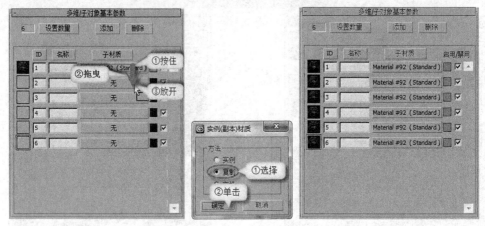

图5-46 参数设置

(2) 因为通过复制的方式进行 ID "2" ～ "6" 的子材质的赋予，所以，所有子材质所用的【位图】都是一样的，我们需要更改 ID "2" ～ "6" "的子材质的【位图】参数。在【多维/子对象基本参数】卷展栏中单击【ID】为 "2" 的子材质右边的 Material #92（Standard）按钮，进入对应的材质面板，在【贴图】卷展栏中单击【漫反射颜色】通道右侧的 Map #1（Front.png）按钮，具体设置如图 5-47 所示。

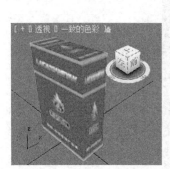

图5-47 操作设置

(3) 在【位图参数】卷展栏中单击位图后的 max2012\第三章例子\第3讲\包装盒\maps\Front.png 按钮，弹出【选择位图图像文件】对话框，选择附盘中的 "素材\第 5 章\包装盒\maps\left.png" 文件，单击 打开(O) 按钮完成位图文件的替换。单击 按钮两次返回最上层材质，然后依次替换剩余 ID 号的子材质的位图文件，对应的顺序为：ID3~Behind.png、ID4~right.png、ID5~top.png、ID6~bottom.png，如图 5-48 所示。

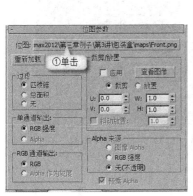

图5-48　操作设置

(4) 将每个子材质都显示之后效果如图 5-49 左图所示，可以看到，香烟盒的顶部和底部贴图并未正确显示，下面来对其进行调整。先在最上层材质单击 ID 为 5 的子材质后的按钮，在弹出的菜单中单击 **Map #1 (top.png)** 按钮，如图 5-49 右图所示。

图5-49　操作设置

(5) 进入贴图设置面板，在坐标卷展栏中调整 "top.png" 贴图的角度参数，将 W 向旋转角度设置为 "90"，如图 5-50 所示，设置后可以观察到透视视口中的顶部显示正确了，如图 5-51 所示。

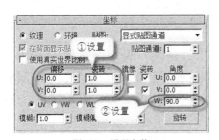

图5-50　设置参数　　　　　　　　　图5-51　显示效果

(6) 同理，设置 ID 为 6 的贴图的 W 向旋转角度为 "－90"，如图 5-52 所示，并单击 图 按钮，调整后效果如图 5-53 所示。

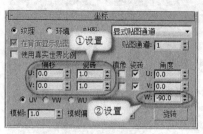

图5-52 设置参数

图5-53 显示效果

5.2 常用材质的使用

通过【材质编辑器】设置相应类型的材质参数，可以制作出许多材质效果，如金属、玻璃、陶瓷、泥土、布料等，以达到对真实世界的完全模拟。

5.2.1 基础知识——认识材质类型和渲染

在【材质编辑器】窗口中单击 Standard 按钮，打开【材质/贴图浏览器】对话框，在对话框中不仅可以浏览和选择各种类型的材质和贴图，还可以保存和提取材质库文件，如图5-54 所示。

用户在选择材质类型时应该根据要尝试建模的内容和希望获得的模型精度（在真实世界、物理照明方面）来选择材质。常用的材质类型有以下几种。

一、 mental ray

mental ray 是 3ds Max 2012 默认的材质类型，它必须与【mental ray】渲染器一起使用。它包括 mental ray 材质、DGS 材质和 Glass 材质。

二、 标准材质

标准材质是平时使用最为频繁的材质类型，如果掌握了标准材质各个参数的含义和设置方法，再去学习其他的材质类型就轻而易举。标准材质用一种简单、直观的方式来描述模型表面的属性。

图5-54 【材质/贴图浏览器】对话框

三、 光线跟踪材质

光线跟踪材质是一种比较高级的材质类型，它不仅包括了标准材质所具有的全部特性，还可以创建真实的反射和折射效果，并且还支持颜色、浓度、半透明、荧光等其他特殊效果，主要用于制作玻璃、液体和金属材质。

四、 卡通材质

卡通材质即 Ink’n Paint 材质，专门用来创建与卡通相关的效果。它特有的"墨水"边界，可以创建二维平面绘图效果。

五、 建筑材质

建筑材质具有真实的物理属性，与光学灯光和光能传递渲染器配合可以得到逼真的材质效果。建筑材质可以使用"光能传递"或"光跟踪器"的"全局照明"进行渲染，适合于制作建筑效果，例如木头、石头、玻璃和水等。

六、 混合材质

混合材质可以在物体表面上将两种不同的材质进行混合，它的最大特点是可以控制在同一个对象上的具体位置实现两种截然不同的效果，还能制作材质变换动画。

七、 虫漆材质

虫漆材质可以混合两种材质，并叠加两种材质中的颜色。其中叠加的材质成为"虫漆"材质，被叠加的材质成为基本材质。

八、 合成材质

合成材质是包含【基础材质】在内的，能够复合 10 种材质的材质类型。它不仅能够将多种材质合成到一起，还可以合成动画。但它不能像混合材质一样混合材质的范围和位置。

九、 多维/子对象材质

多维/子对象材质可以为几何体的子对象级别分配不同的材质。赋予物体多维材质时，可以使用【网格选择】修改器选面，然后将多维材质中的子材质赋予选中的面，如果物体是可编辑多边形或可编辑网格，可以直接在材质编辑器中拖曳子材质到选择的面，还可以对多边形面设置不同的 ID 号，使用指定 ID 号的方法赋予材质。

十、 顶/底材质

它可以为物体指定两种不同的材质，一种材质位于模型的顶部，另一种材质位于模型的底部，中间交界处可以产生过渡效果。

十一、双面材质

双面材质可以在物体的内、外表面分别指定两种不同类型的材质，这样就可以使多边形的正、反两面具有不同的材质效果。

5.2.2　范例解析——制作"餐具总动员"

本例主要通过对各材质类型的设置来制作木板材质、金属材质、陶瓷材质、玻璃材质、不锈钢材质和水果材质的过程，渲染效果如图 5-55 所示。该案例主要用于介绍现实生活中一些常见物体的模拟设置方法，让读者能够通过一些简单的设置来模拟现实生活中的物体。

【操作步骤】

1. 制作木板材质。

(1) 打开附盘文件"素材\第 5 章\餐具总动员\餐具总动员.max"，会弹出【文件加载：单位不匹配】对话框，单击 确定 按钮即可，打开后的文件如图 5-56 所示。

图5-55　餐具总动员

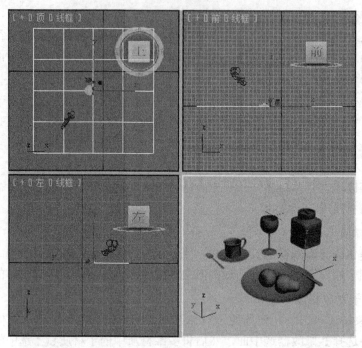

图5-56　打开素材文件

(2)　按下 H 键，打开【从场景选择】窗口，选中"桌面"对象。

(3)　按下 M 键打开【材质编辑器】窗口，在【实用程序】主菜单中选择【重置材质编辑器窗口】命令，将所有材质球重置为标准材质，如图 5-57 所示。然后为"桌面"对象赋予一个空白材质球，并设置材质名称为"桌面"。

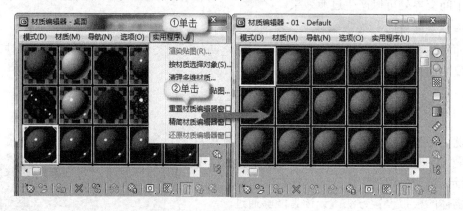

图5-57　打开素材文件

(4)　在【Blinn 基本参数】卷展栏中的【反射高光】分组框中设置【高光级别】为"60"、【光泽度】为"50"，如 图 5-58 所示。

(5)　在【贴图】卷展栏中，单击【漫反射颜色】通道右侧的 None 按钮，然后在【材质/贴图浏览器】对话框中双击【位图】选项，在【选择位图图像文件】对话框中打开附盘文件"素材\第 5 章\餐具总动员\maps\地板.tif"，并在【坐标】卷展栏中设置参数，如图 5-59 所示。

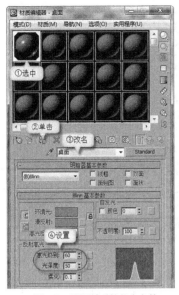

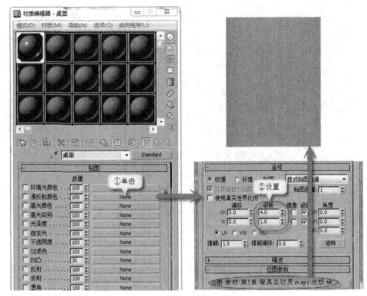

图5-58　设置材质的基本参数　　　　　图5-59　贴图和贴图参数

(6) 单击按钮返回父级材质面板，在【贴图】卷展栏中，设置【反射】通道的【数量】为 "10"，然后单击通道右侧的 _____ None _____ 按钮，如图 5-60 所示。

(7) 在【材质/贴图浏览器】对话框中双击【光线跟踪】选项，进入反射贴图通道，保持默认参数，如图 5-61 所示。

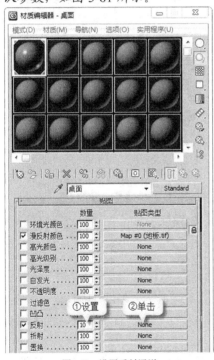

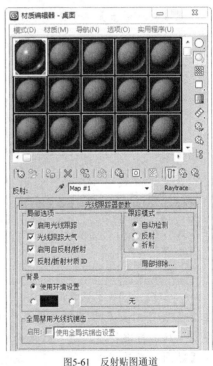

图5-60　设置反射通道　　　　　　　图5-61　反射贴图通道

(8) 单击按钮返回父级材质面板，然后单击按钮在视口中显示贴图效果，如图 5-62 所示。渲染可看见桌面的表面效果为木板而且桌面上的物体具有倒影效果，如图 5-63 所示。

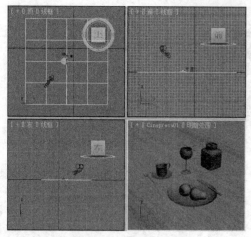

图5-62 视口中的贴图效果

图5-63 渲染效果

2. 制作陶瓷材质。

(1) 选中场景中的"水果盘"对象，按下 M 键打开【材质编辑器】窗口，然后给"水果盘"对象赋予一个空白材质球，并设置材质名称为"陶瓷"。

(2) 单击 Standard 按钮，在【材质/贴图浏览器】对话框中双击【多维/子对象】选项，然后在【替换材质】对话框中选择【丢弃旧材质】单选项，单击 确定 按钮，如图 5-64 所示。

(3) 在【多维/子对象基本参数】卷展栏中单击 设置数量 按钮，在【设置材质数量】对话框中设置【材质数量】为"2"，如图 5-65 所示。

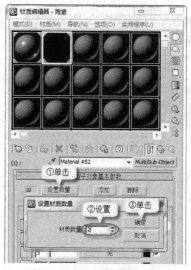

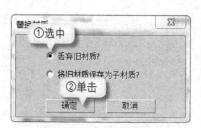

图5-64 【替换材质】对话框

图5-65 设置多维材质数量

(4) 在【多维/子对象基本参数】卷展栏中单击【ID】为"1"的子材质右边的 无 按钮，双击标准材质，进入对应的材质面板。

(5) 在【贴图】卷展栏中，单击【漫反射颜色】通道右侧的 None 按钮，然后在【材质/贴图浏览器】对话框中双击【位图】选项，在【选择位图图像文件】对话框中打开附盘文件"素材\第5章\餐具总动员\maps\陶瓷.tif"，并在【坐标】卷展栏中设置参数，如图 5-66 所示。

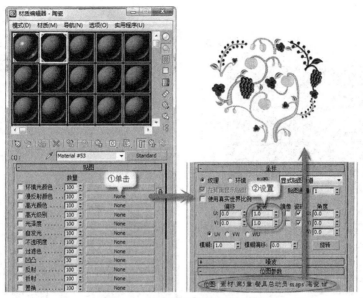

图5-66　设置【漫反射颜色】通道

(6)　单击 按钮在视口中显示贴图，并单击 按钮返回上一级材质面板。

(7)　在【贴图】卷展栏中，设置【反射】通道的【数量】为"5"，并单击右侧的 None 按钮，然后在【材质/贴图浏览器】对话框中双击【光线跟踪】选项，进入反射贴图通道，保持默认参数，如图 5-67 所示。

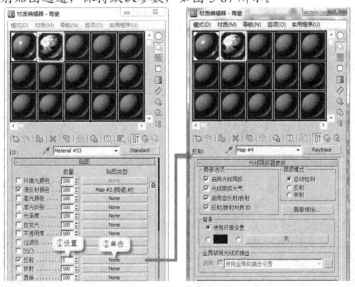

图5-67　设置反射通道参数

(8)　单击 按钮返回父级材质面板，在【多维/子对象基本参数】卷展栏中单击【ID】为"2"的子材质右边的 无 按钮，选择标准材质，进入对应的材质面板，在【Blinm 基本参数】卷展栏中将【环境光】和【漫反射】的 RGB 值都设置为"255、255、255"，【高光级别】为"65"，【光泽度】为"95"，【柔化】为"0.8"，如图 5-68 所示。

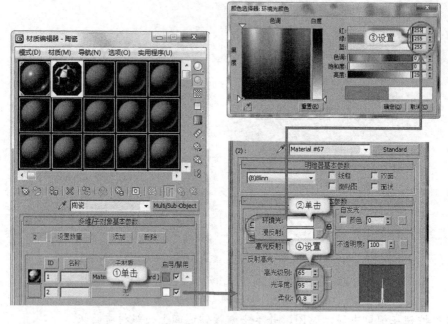

图5-68　设置材质 2 的参数

(9) 单击 按钮进入【修改】面板，在【修改器列表】下拉列表框中选择【UVW 贴图】修改器，然后在【参数】卷展栏中选择【长方体】单选项，并取消选择【真实世界贴图大小】复选项，如图 5-69 所示。

(10) 选中"茶杯"对象，将名为"陶瓷"的材质赋予对象，然后添加【UVW 贴图】修改器，并设置参数如图 5-70 所示。

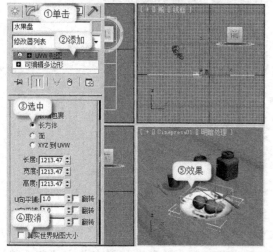

图5-69　为"水果盘"添加【UVW 贴图】修改器　　　图5-70　"茶杯"贴图效果

(11) 选中"茶杯底座"对象，将名为"陶瓷"的材质赋予对象，然后添加【UVW 贴图】修改器，并设置参数如图 5-71 所示。

(12) 陶瓷材质设置完成，渲染效果如图 5-72 所示。

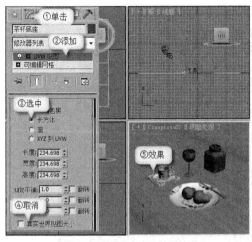

图5-71　"茶杯底座"贴图效果　　　　　　　　图5-72　渲染效果

3.　制作金属材质。

(1)　选中场景中的"调羹"对象,按下 $\boxed{M}$ 键打开【材质编辑器】窗口,然后给"调羹"对象赋予一个空白材质球,并设置材质名称为"金属"。

(2)　在【明暗器基本参数】卷展栏中,将阴影模式定义为【(M)金属】,在【Blinn 基本参数】卷展栏中,单击锁定环境光颜色和漫反射颜色 $\boxed{C}$ 按钮,解除锁定。

(3)　在【金属基本参数】卷展栏中设置【环境光】的 RGB 值为"0、0、0",【漫反射】的 RGB 值为"255、190、35",【高光级别】为"100",【光泽度】为"80",如图 5-73 所示。

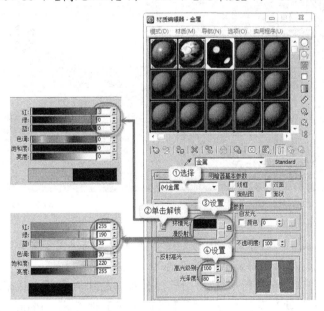

图5-73　设置金属材质的基本参数

(4)　在【贴图】卷展栏中,设置【反射】通道的【数量】为"60",并单击右侧的 None 按钮,然后在【材质/贴图浏览器】对话框中双击【位图】选项,在【选择位图图像文件】对话框中打开附盘文件"素材\第 5 章\餐具总动员\maps\金属.tif",并在【坐标】卷展栏中设置参数,如图 5-74 所示。

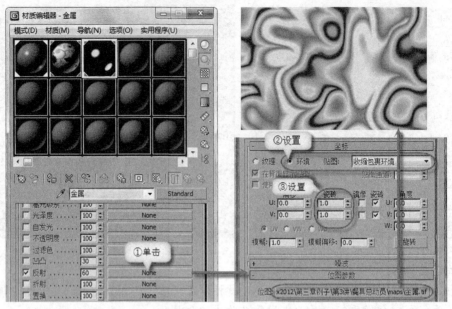

图5-74　设置反射通道贴图效果

(5) 单击圖按钮在视口中显示贴图效果如图 5-75 所示，渲染效果如图 5-76 所示。

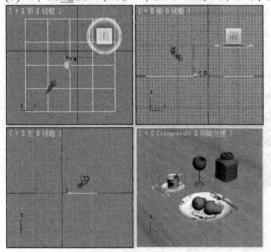

图5-75　赋予金属材质后的效果

图5-76　渲染效果

4. 制作玻璃材质。

(1) 选中场景中的"酒杯"对象，按下 M 键打开【材质编辑器】窗口，然后给"酒杯"对象赋予一个空白材质球，并设置材质名称为"玻璃"。

(2) 单击 Standard 按钮，在【材质/贴图浏览器】对话框中双击【光线跟踪】选项，然后在【光线跟踪基本参数】卷展栏中，将【明暗处理】设置为"Phong"，设置【漫反射】的 RGB 值为"45、45、45"，【透明度】的 RGB 为"255、255、255"，【高光级别】为"250"，【光泽度】为"80"，如图 5-77 所示。

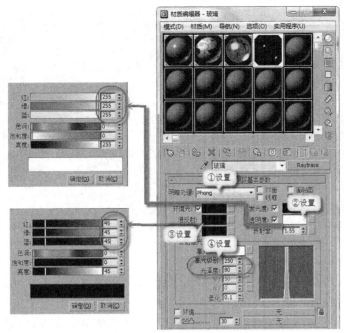

图5-77　设置玻璃材质的基本参数

(3) 在【贴图】卷展栏中，设置【反射】通道的【数量】为 "50"，并单击右侧的
　　　　　　　　　无　　　　　　　按钮，然后在【材质/贴图浏览器】对话框中双击【衰减】选项，进
入反射贴图通道，在【衰减参数】卷展栏中设置【衰减类型】为 "Fresnel"、取消【覆
盖材质 IOR】选项的选中状态，如图 5-78 所示。

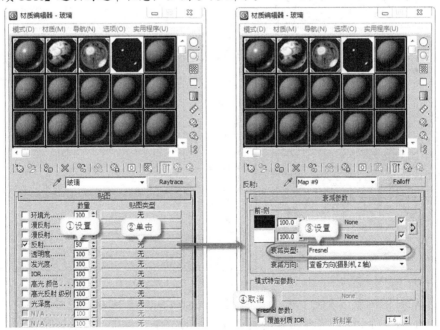

图5-78　设置反射通道参数

(4) 至此，完成玻璃材质的设置，并对 "水杯" 对象赋予 "玻璃" 材质，效果如图 5-79 所
示，渲染效果如图 5-80 所示。

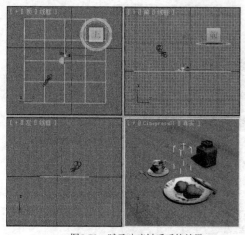

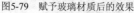

图5-79　赋予玻璃材质后的效果

图5-80　渲染效果

5.　制作水果材质和不锈钢材质。

(1)　选中场景中的两个"梨"对象，按下 M 键打开【材质编辑器】窗口，然后对"梨"对象赋予一个空白材质球。

(2)　单击 Standard 按钮，在【材质/贴图浏览器】对话框中单击左上角的 ▼ 按钮，在弹出的菜单中选择【打开材质库】命令，如图 5-81 所示。

(3)　在【导入材质库】对话框中，选择附盘文件"素材\第 5 章\餐具总动员\材质库\梨.mat"，如图 5-82 所示，将外部材质文件导入【材质/贴图浏览器】对话框中。

图5-81　切换到材质库面板

图5-82　打开外部材质文件

(4)　在【材质/贴图浏览器】对话框中选择【梨（Standard）】选项，然后单击 确定 按钮，如图 5-83 所示，即可将当前的材质球转换为"梨"材质，效果如图 5-84 所示。

图5-83　选择材质

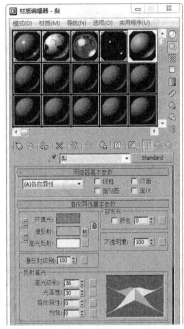

图5-84　梨材质的属性

(5) 用同样的方法对"水果刀"赋予"不锈钢"材质，最终视口显示效果如图 5-85 所示，
渲染效果如图 5-86 所示。

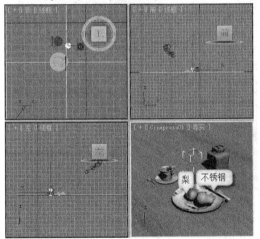

图5-85　赋予材质后的效果

图5-86　渲染效果

5.3　实训

下面通过两个实训进一步巩固材质和贴图的用法。

5.3.1　制作"易拉罐"

易拉罐主要以【多维/子对象】材质来对模型的两个部分单独设置材质，渲染效果如图
5-87 所示，易拉罐表面贴图效果如图 5-88 所示。

图5-87 易拉罐

图5-88 易拉罐表面设计效果

【步骤提示】

1. 设置模型 ID。

(1) 打开附盘文件"素材\第 5 章\易拉罐\易拉罐.max",如图 5-89 所示。

(2) 选中易拉罐对象,单击 按钮进入【修改】面板,然后展开"可编辑多边形"修改器,进入【元素】级别,如图 5-90 所示。

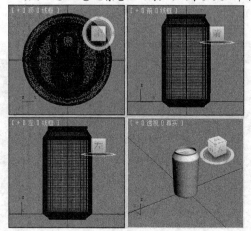

图5-89 打开源文件

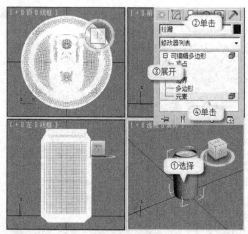

图5-90 定义选择集

(3) 在左视口中框选易拉罐颈部以上的部分,并按住 Ctrl 键单击易拉罐底部,即可同时选中易拉罐的颈部和底部,然后在【曲面属性】卷展栏中的【多边形:材质 ID】区域下设置【设置 ID】参数为"1",如图 5-91 所示。

> 要点提示 在 3ds Max 2012 中可以根据自己需要来对模型的各个区域设置 ID,它既可以是单独的区域,也可以是多个区域的组合。

(4) 在左视口中单击易拉罐的中间部分,然后在【曲面属性】卷展栏中将【材质】区域的【设置 ID】参数设置为"2",如图 5-92 所示。

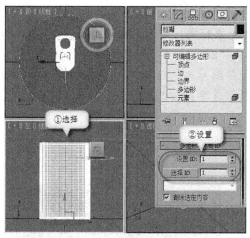

图5-91 设置上部分 ID

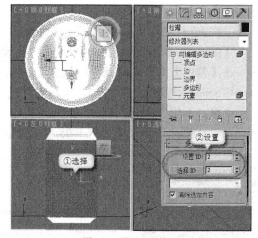

图5-92 设置下部分 ID

2. 设置多维/子对象材质。

(1) 打开【材质编辑器】窗口，给"易拉罐"对象赋予一个空白材质球，命名为"易拉罐"，并将材质类型设置为【多维/子对象】材质。

(2) 在【替换材质】对话框中选择【丢弃旧材质】单选项，然后在【多维/子对象基本参数】卷展栏中单击 <u>设置数量</u> 按钮，设置【材质数量】为"2"。

(3) 在【多维/子对象基本参数】卷展栏中单击【ID】为"1"的子材质右边的 <u>无</u> 按钮，选择【标准】材质，进入对应的材质面板，然后在【明暗器基本参数】卷展栏中设置阴影模式为"（M）金属"。

(4) 在【贴图】卷展栏中设置【反射】通道【数量】为"40"，并设置通道贴图为附盘文件"素材\第 5 章\易拉罐\maps\环境.jpg"，然后在【反射】通道面板的【坐标】卷展栏中设置参数如图 5-93 所示。

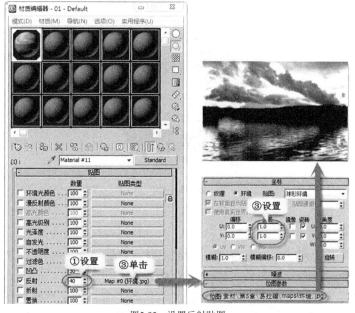

图5-93 设置反射贴图

(5) 单击 按钮返回父级材质面板，在【多维/子对象基本参数】卷展栏中单击【ID】为 "2"子材质右边的 无 按钮，选择标准材质，进入对应的材质面板，然后在 【Blinn 基本参数】卷展栏中设置【自发光】为"80"。

(6) 在【贴图】卷展栏中设置【漫反射颜色】通道贴图为本书附盘中的"素材\第 5 章\易拉罐\maps\ 封面.png"文件，然后在【漫反射颜色通道】面板中的【坐标】卷展栏中设置参数，如图 5-94 所示。

(7) 在视口显示贴图效果如图 5-95 所示，渲染效果如图 5-87 所示。

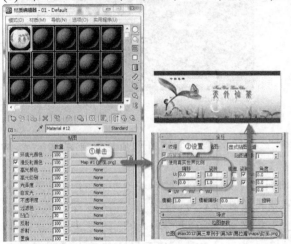

图5-94　设置上部分 ID

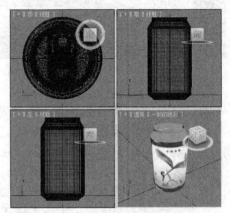

图5-95　设置下部分 ID

5.3.2　制作"苹果"

本例主要通过对标准材质各种贴图通道进行搭配来体现苹果丰富的颜色表面，渲染效果如图 5-96 所示。

图5-96　苹果

【步骤提示】

1. 设置材质类型。

(1) 打开附盘文件"素材\第 5 章\苹果\apple.max"，弹出【文件加载：单位不匹配】对话框，单击 确定 按钮，打开的文件如图 5-97 所示。

(2) 选中场景中的"apple"对象，打开【材质编辑器】窗口，将所有材质球重置为标准材质，然后为"apple"赋予一个空白材质球，设置材质名称为"apple"，如图 5-98 所示。

第 5 章 材质与贴图

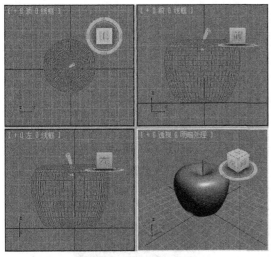

图5-97 打开场景文件

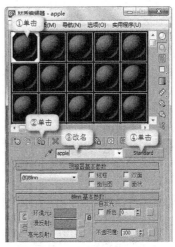

图5-98 【材质编辑器】窗口

2. 设置苹果表面的渐变颜色。

(1) 在【明暗器基本参数】卷展栏中将阴影模式定义为"（A）各向异性"，然后在【各向异性基本参数】卷展栏中将【反射高光】分组框中的【高光级别】设置为"60"、【光泽度】设置为"30"、【各向异性】设置为"0"，如图 5-99 所示。

(2) 打开【贴图】卷展栏，单击【漫反射颜色】通道右侧的 按钮，然后在【材质/贴图浏览器】对话框中双击【渐变】选项。

(3) 在【渐变参数】卷展栏中设置【颜色#1】RGB 值为"150、190、80"，【颜色#2】RGB 值为"210、30、15"，【颜色 #3】RGB 值与【颜色#2】相同，然后设置噪波【数量】为"0.7"、【大小】为"6.0"，如图 5-100 所示。

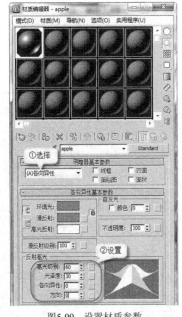

图5-99 设置材质参数

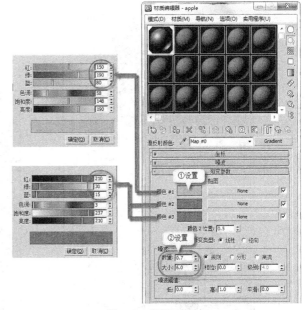

图5-100 设置渐变颜色

(4) 打开【坐标】卷展栏，取消【使用真实世界比例】复选项的选中状态，设置【瓷砖】

153

为 "1.0"、"1.0",并选择【U】方向的【镜像】复选项,然后单击 按钮,如图 5-101 所示,返回上一级材质面板,此时的渲染效果如图 5-102 所示。

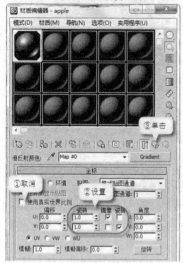

图5-101 设置坐标参数

图5-102 渲染效果

3. 设置苹果表面的凹凸效果。

(1) 在【贴图】卷展栏中设置【凹凸】参数为 "6",并单击通道右侧的 _____None_____ 按钮,然后在【材质/贴图浏览器】对话框中双击【噪波】选项。

(2) 在【噪波参数】卷展栏中,设置噪波【大小】为 "120.0",然后单击 按钮,返回上一级材质面板,如图 5-103 所示。

(3) 单击 按钮,即可在视口中显示标准贴图,效果如图 5-104 所示,渲染效果如图 5-96 所示。

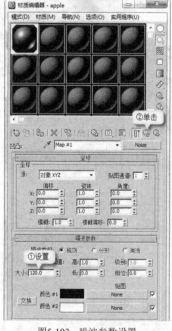

图5-103 噪波参数设置

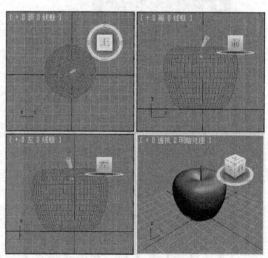

图5-104 赋予苹果材质后的效果

5.4　学习辅导——反射与折射贴图

反射和折射这类贴图一般都应用在反射或折射颜色通道上，反射与折射贴图包括 4 种类型：平面镜、光线跟踪、反射/折射、薄壁折射贴图。

1．平面镜贴图

平面镜贴图是指具有镜子的反射效果，按照原样进行反射而不扭曲对象，如图 5-105 所示。

图5-105　平面镜贴图

2．光线跟踪贴图

使用"光线跟踪"贴图可以提供全部光线跟踪反射和折射。生成的反射和折射比利用反射/折射贴图的效果更精确。该贴图一般应用在材质的【反射】或【折射】贴图通道上，效果如图 5-106 所示。

图5-106　光线跟踪贴图

3．反射/折射贴图

反射/折射贴图是以对象为中心在周围表现反射和折射效果的贴图，该贴图和光线跟踪贴图一样，一般应用在材质的【反射】或【折射】贴图通道上，效果如图 5-107 所示。

图5-107　反射/折射贴图

要点提示　反射/折射贴图专门用于弯曲的或不规则形状的对象，对于要准确反映环境的类似镜子的平面，建议使用平面镜材质。为实现更准确的反射，特别是反射介质中的对象（如一杯水中的一支铅笔），建议使用薄壁折射材质。

4．薄壁折射贴图

薄壁折射贴图可模拟"缓进"或偏移效果，例如，鱼儿在清澈的水中游动，可以看得很清楚。然而，沿着所看见的方向去叉它，却叉不到。有经验的渔民都知道，只有瞄准鱼的下方才能把鱼叉到，这就是光的折射效果，如图 5-108 所示。

图5-108　薄壁折射贴图

5.5　思考题

1．材质主要模拟了物体的哪些自然属性？
2．材质和贴图有何区别和联系？
3．什么是贴图通道，有何用途？
4．混合材质与合成材质有何区别？
5．在创建材质的时候，灯光的布局重要吗？

第6章 摄影机、灯光、环境与渲染

使用摄影机不仅便于观察场景，还可以模拟真实摄影机的特效；三维场景中的灯光可以照亮场景，使模型显示出各种反射效果并产生阴影；使用环境设置可以模拟雾、火焰等效果，通过添加效果还可制作出各种特效。场景制作完成后，可通过渲染将其效果输出成图像或动画等，成为完全独立于软件的作品。

【学习目标】
- 明确摄影机的种类和用途。
- 明确灯光的种类及常用灯光的用法。
- 明确环境和效果的含义及其用法。
- 明确渲染的设置方法和渲染技巧。

6.1 摄影机

3ds Max 2012 中的摄影机与现实世界中的摄影机十分相似，可以从镜头中观察场景。

6.1.1 基础知识——摄影机及其应用

摄影机的位置、摄影角度、焦距等可以随意调整，不仅方便观看场景中各部分的细节，还可以利用摄影机的移动创建浏览动画，使用摄影机还可以制作景深、运动模糊等特效。

一、 摄影机的种类

3ds Max 2012 提供了两种类型的摄影机。

（1） 目标摄影机。

目标摄影机除了有摄影机对象外，还有一个目标点，摄影机的视角始终向着目标点，以查看所放置的目标点周围的区域。其中摄影机和目标点的位置都可单独自由调整，如图 6-1 所示。

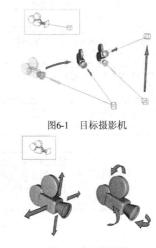

图6-1 目标摄影机

（2） 自由摄影机。

自由摄影机只有一个对象，不仅可以自由移动位置坐标，还可以沿自身坐标自由旋转和倾斜，如图 6-2 所示。当创建摄影机沿着一条路径运动的动画时，使用自由摄影机可以方便地实现转弯等效果。

图6-2 自由摄影机

二、 摄影机的参数

3ds Max 2012 中的摄影机主要通过两个参数来控制其观察效果：焦距和视野，如图 6-3 所示。这两个参数分别用摄影机【参数】卷展栏中的【镜头】和【视野】参数值指定，如图 6-4 所示。

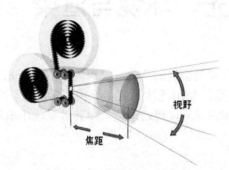

图6-3　摄影机的焦距和视野

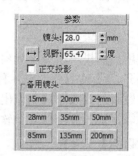

图6-4　摄影机参数

(1) 焦距。

焦距决定了被拍摄物体在摄影机视图中的大小。以相同的距离拍摄同一物体，则焦距越长，被拍摄物体在摄影机视图上显示就越大。焦距越短，被拍摄物体在摄影机视图上显示就越小，摄影机视图中包含的场景也就越多。

(2) 视野（FOV）。

视野用于控制场景可见范围的大小，视野越大，在摄影机视图中包含的场景就越多。视野与焦距相互联系，改变其中一个的值，另一个也会相应改变。

三、 摄影机视角的调整

摄影机的观察角度除了可以通过工具栏上的移动和旋转工具进行调整外，在摄影机视图下，还可以通过右下角的视图控制区提供的导航工具对摄影机的视角进行调整，导航工具外观及其功能说明如图 6-5 所示。

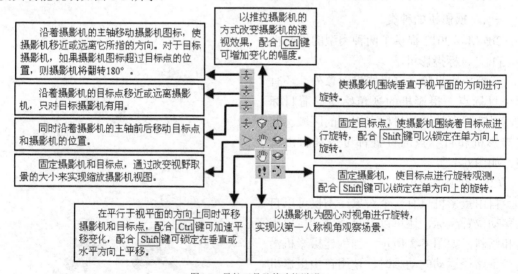

图6-5　导航工具及其功能说明

6.1.2 范例解析 1——制作"景深效果"

在摄影机的【参数】卷展栏中有一个【多过程效果】分组框，启用该选项可以方便地制作出景深的效果。下面使用一个范例介绍其制作过程，该范例完成后的最终效果如图 6-6 所示。

图6-6 设计效果

【操作步骤】

1. 打开附盘文件"素材\第 6 章\景深\景深.max"。

2. 在【创建】面板中单击 按钮，在【对象类型】卷展栏中单击 目标 按钮，在设计视图中按下鼠标左键并拖曳，创建目标摄影机，如图 6-7 所示。

3. 在工具栏的选择过滤器下拉列表中选择【C-摄影机】选项，然后用鼠标右键单击 按钮，启用【选择并移动】工具，选择视口中的摄影机图标，设置其位置坐标，【X】为"－20"，【Y】为"－55"，【Z】为"45"，如图 6-8 所示。

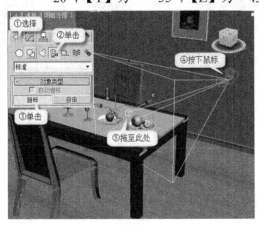

图6-7 创建摄影机

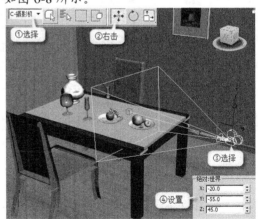

图6-8 设置摄影机坐标

4. 选中视口中的摄影机目标点，设置其位置坐标，【X】为"－2"，【Y】为"－10"，【Z】为"36"，如图 6-9 所示。

5. 按 C 键切换到摄影机视图，按 Shift+F 键显示安全框，如图 6-10 所示。

图6-9 设置目标点坐标

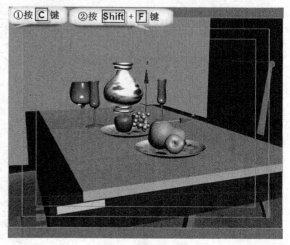

图6-10 摄影机视图

6. 按 H 键打开【从场景选择】窗口，双击"Camera001"选择创建的摄影机，如图 6-11 所示。

7. 切换到【修改】面板，在【参数】卷展栏的【多过程效果】分组框中选择【启用】复选项，设置【目标距离】参数为"50"，在【景深参数】卷展栏中设置【采样半径】为"0.7"，单击 预览 按钮预览当前效果，如图 6-12 所示。

图6-11 选择摄影机

图6-12 设置景深效果

【目标距离】参数决定摄影机聚焦点的位置，增加【目标距离】的参数值，可产生近处模糊、远处清晰的景深效果。

8. 在工具栏中单击 按钮渲染摄影机视图，得到的最终效果如图 6-6 所示。

6.1.3 范例解析2——制作"运动模糊效果"

通过多过程效果还可以制作出运动模糊的效果，下面通过一个案例练习该效果的制作方法，完成后的最终效果如图 6-13 所示。

图6-13　设计效果

【操作步骤】

1. 打开附盘文件"素材\第 6 章\运动模糊\运动模糊.max"。

2. 按 H 键打开【从场景选择】窗口，双击"Camera01"选择场景中的摄影机，然后将底部的时间滑块拖动到第 10 帧，如图 6-14 所示。

3. 在【修改】面板上的【参数】卷展栏中的【多过程效果】分组框中选择【启用】复选项，在下面的下拉列表中选择【运动模糊】选项；在【运动模糊参数】卷展栏中设置参数，如图 6-15 所示。

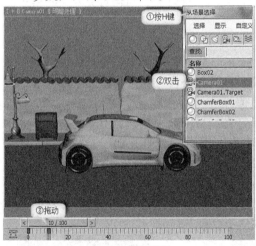

图6-14　选择摄影机

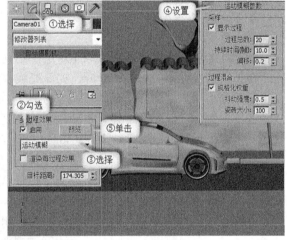

图6-15　参数设置

4. 单击 预览 按钮预览运动模糊效果，如图 6-16 所示。

图6-16　预览效果

5. 最后渲染摄影机视图，得到的最终效果如图 6-13 所示。

6.2 灯光

在 3ds Max 中，灯光的主要作用就是照明物体、增加场景的真实感，起到表现场景基调和烘托气氛的作用。

6.2.1 基础知识——灯光及其应用

3ds Max 可以模拟真实世界中的各种光源类型。良好的照明不仅能够使场景更加生动、更具表现力，而且可以带动人的感官，让人产生身临其境的感觉。

一、灯光的类型

在 3ds Max 2012 中提供了 3 种类型的灯光：光度学灯光、标准灯光和日光系统。

(1) 光度学灯光。

光度学灯光使用光度学（光能）值可以更精确地定义灯光，就像在真实世界一样。用户可以创建具有各种分布和颜色特性的灯光，或导入照明制造商提供的特定光度学文件。

在 3ds Max 2012 中提供了 3 种类型的光度学灯光：目标灯光、自由灯光和 mr Sky 门户，如图 6-17 所示。

(2) 标准灯光。

标准灯光基于计算机的模拟灯光对象，不同种类的灯光对象可用不同的方式投影灯光，用于模拟真实世界不同种类的光源，如家庭或办公室灯具、舞台灯光设备以及太阳光等。与光度学灯光不同，标准灯光不具有基于物理的强度值。

在 3ds Max 2012 中提供了 8 种类型的光度学灯光：目标聚光灯、自由聚光灯、目标平行光、自由平行光、泛光灯、天光、mr 区域泛光灯和 mr 区域聚光灯，如图 6-18 所示。

(3) 日光系统。

日光系统遵循太阳的运动规律，使用它可以方便地创建太阳光照的效果。用户可以通过设置日期、时间和指南针方向改变日光照射效果，也可以设置日期和时间的动画，从而动态模拟不同时间、不同季节太阳光的照射效果，如图 6-19 所示。

图6-17 光度学灯光

图6-18 标准灯光

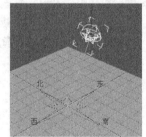

图6-19 日光系统

二、灯光通用参数

3ds Max 中的灯光具有多种参数，而且不同类型的灯光参数也不同，下面主要介绍标准灯光的通用参数。

(1) 阴影类型。

标准灯光的阴影设置位于【常用参数】卷展栏中，共有 5 种类型的阴影，如图 6-20 所示。各种类型阴影的优缺点如表 6-1 所示。

图6-20 阴影类型

表 6-1 各种类型阴影的优缺点

阴影类型	优点	缺点
区域阴影	支持透明和不透明贴图，使用内存少，适合在包含众多灯光和面的复杂场景中使用	与阴影贴图相比速度较慢，不支持柔和阴影
mental ray 阴影贴图	使用 mental ray 阴影贴图可能比光线跟踪阴影更快	不如光线跟踪阴影精确
高级光线跟踪	支持透明和不透明贴图，与光线跟踪相比使用内存较少，适合在包含众多灯光和面的复杂场景中使用	与阴影贴图相比计算速度较慢，不支持柔和阴影，对每一帧都进行处理
阴影贴图	能产生柔和的阴影，只对物体进行一次处理，计算速度较快	使用内存较多，不支持对象的透明和半透明贴图
光线跟踪阴影	支持透明和不透明贴图，只对物体进行一次处理	与阴影贴图相比使用内存较多，不支持柔和阴影

> **要点提示** 由于【mental ray】渲染器只支持"mental ray 阴影贴图"、"阴影贴图"和"光线跟踪阴影"，所以若使用【mental ray】渲染器，则不能使用"区域阴影"和"高级光线跟踪"。

(2) 强度、颜色、衰减。

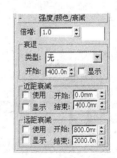

如图 6-21 所示，灯光的强度通过【倍增】参数设定，标准值为 1，若设置为 2，则光的强度增加 1 倍。如果设置为负值，则将产生吸收光线的效果。

灯光的颜色通过【倍增】右侧的色块表示，单击该色块打开颜色选择器，在其中对灯光的颜色进行设置。

灯光的衰减用于设置灯光强度随距离的增加而减小的方式。在【类型】中提供了 3 种衰减方式，分别为"无"、"倒数"和"平方反比"。【近距衰减】用于设置灯光开始淡入的距离和达到其全值的距离。【远程衰减】用于设置灯光开始淡出的距离和灯光减为 0 的距离。

图6-21 【强度/颜色/衰减】卷展栏

6.2.2 范例解析 1——制作"台灯照明效果"

本例将通过向场景中添加标准灯光来模拟台灯的照明效果，该范例完成后的最终效果如图 6-22 所示。

图6-22　设计效果

【操作步骤】

1.　查看最初效果。

(1)　打开附盘文件"素材\第 6 章\台灯照明\台灯照明.max"。

(2)　在工具栏中单击 按钮，渲染摄影机视图，得到如图 6-23 所示的效果。

2.　添加主光。

(1)　在【创建】面板中单击 按钮，在下拉列表中选择【标准】选项，在【对象类型】卷展栏中单击 目标聚光灯 按钮，在左视口中按下鼠标左键并向下拖动，创建目标聚光灯，同时选中灯光和目标点，移动位置到台灯模型中心，如图 6-24 所示。

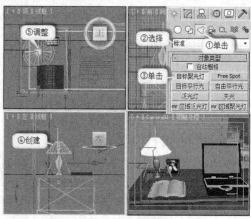

图6-23　最初效果

图6-24　创建聚光灯

 要同时选中灯光和目标点，可单击灯光与目标点之间的连接线进行快速选择。

(2)　单独选择灯光，在【修改】面板中的【强度/颜色/衰减】卷展栏中单击【倍增】后面的色块，设置灯光颜色的 RGB 值分别为"253"、"238"、"214"；在【远距衰减】分组框中选择【使用】和【显示】复选项，设置【开始】值为"208"，【结束】值为"2800"，如 图 6-25 所示。

(3) 在【聚光灯参数】卷展栏中选择【显示光锥】复选项，设置【聚光区/光束】参数为
"105"，设置【衰减区/区域】参数为"157"，如图 6-26 所示。

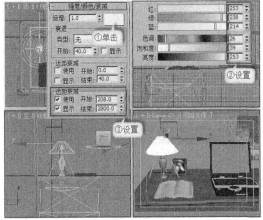

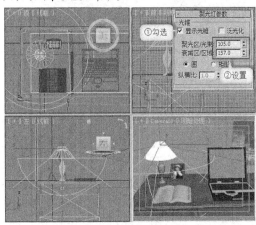

图6-25 调整参数　　　　　　　　　　　　　　　图6-26 调整参数

(4) 在【阴影贴图参数】卷展栏中设置【偏移】为"1.0"，【大小】为"512"，【采样范围】
为"4.0"；再次渲染摄影机视图查看主光照明效果，如图 6-27 所示。

3. 添加辅光。

(1) 切换到【创建】面板，单击 按钮，在左视口中单击创建泛光灯，然后调整其位
置到台灯模型的中心，如图 6-28 所示。

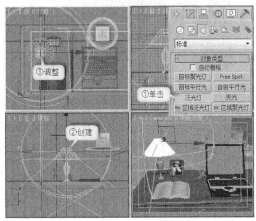

图6-27 查看主光照明效果　　　　　　　　　　图6-28 创建泛光灯

(2) 切换到【修改】面板，在【常规参数】卷展栏的【阴影】分组框中取消选择【启用】
和【使用全局设置】复选项，使泛光灯不产生阴影；在【强度/颜色/衰减】卷展栏中设
置【倍增】参数为"0.5"，单击其后的色块，设置灯光颜色的 RGB 值分别为"252"、
"224"、"181"；在【远距衰减】分组框中选择【使用】和【显示】复选项，设置【开
始】值为"140"、【结束】值为"805"，如图 6-29 所示。

(3) 渲染摄影机视图，得到如图 6-30 所示的效果。

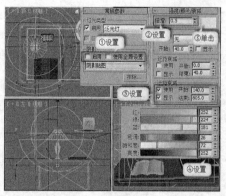

图6-29　调整参数

图6-30　查看效果

(4) 切换到【创建】面板，单击 _____天光_____ 按钮，在【天光参数】卷展栏中设置【倍增】参数为 "0.2"，在左视口中任意位置单击，创建一个天光，如图 6-31 所示。

(5) 渲染摄影机视图，得到如图 6-32 所示的效果。

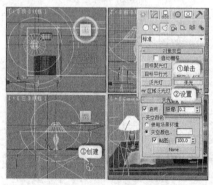

图6-31　创建天光

图6-32　查看效果

4. 渲染设置。

按 F10 键打开【渲染设置】窗口，切换到【高级照明】选项卡，单击下拉列表框选择【光跟踪器】选项，参数使用默认值，如图 6-33 所示。

图6-33　渲染设置

5.　最后渲染摄影机视图，得到的最终效果如图 6-22 所示。

6.2.3　范例解析 2——制作"太阳光照明效果"

使用日光系统可以方便地模拟太阳光的照射效果，下面将通过案例介绍日光系统的使用方法，该范例完成后的最终效果如图 6-34 所示。

图6-34　设计效果

【操作步骤】

1.　打开附盘文件"素材\第 6 章\太阳光照明\太阳光照明.max"。

2.　在菜单栏中选择【创建】/【灯光】/【日光系统】命令，弹出【创建日光系统】对话框提示更改曝光设置，单击　是　按钮确认更改，如图 6-35 所示。

3.　在场景模型的正中按下鼠标左键放置指南针，拖曳鼠标来确定指南针的大小，左右移动鼠标指针以确定灯光的位置，最后单击鼠标左键完成创建，如图 6-36 所示。

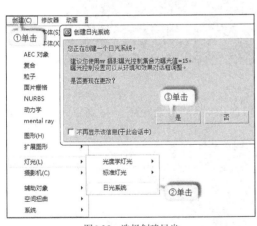

图6-35　选择创建日光　　　　　　　　　　　图6-36　创建日光系统

4.　按 C 键切换到摄影机视图，选择【修改】面板，在【日光参数】卷展栏中单击【位置】分组框中的　设置...　按钮转到【运动】面板，对日光的时间进行设置，如图 6-37 所示。

5.　按 F10 键打开【渲染设置】对话框，选择【间接照明】选项卡，选择【启用最终聚集】复选项，调整【最终聚集精度预设】滑块至"低"，最后单击在【最终聚焦】卷展栏中 渲染 按钮渲染视图，渲染得到早晨阳光照射的效果，如图 6-38 所示。

167

图6-37　参数设置

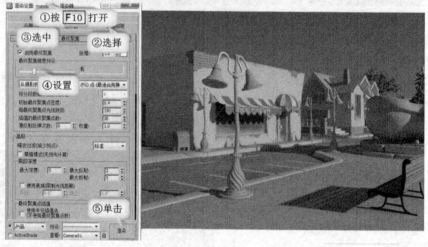

图6-38　渲染设置

6. 选择【运动】面板，修改日光系统的时间为"12 小时"，渲染视图，得到中午阳光照射效果，如图 6-39 所示。

图6-39　查看效果

7. 再次在【运动】面板中修改日光系统的时间为"18 小时",渲染视图,得到傍晚阳光照射效果,如图 6-40 所示。

图6-40 查看效果

6.3 环境和效果

通过使用 3ds Max 2012 中的环境设置,可以方便地实现雾、体积光、火焰等效果,通过添加效果可以实现光环、光晕、模糊等特效。

6.3.1 基础知识——环境和效果的应用

在 3ds Max 中,可以模拟出自然界中常见的大气、烟雾以及模糊、景深等效果。

一、 环境

在环境中应用最多的就是大气效果,在 3ds Max 2012 中提供了 4 种大气效果,分别是火效果、雾、体积雾以及体积光,如图 6-41 所示。

1. 火效果

火效果可以用于制作火焰、烟雾和爆炸等效果,如图 6-42 所示。通过修改相关参数还可方便地制作出云层效果。

图6-41 大气效果列表

图6-42 火效果

2. 雾

大气环境中的雾效可以用于制作晨雾、烟雾、蒸汽等效果，它又分为标准雾和分层雾两种类型。

(1) 标准雾。

标准雾的深度是由摄影机的环境范围进行控制的，所以要求场景中必须创建摄影机。标准雾的效果如图 6-43 所示。

(2) 分层雾。

分层雾在场景中具有一定的高度，而长度和宽度则没有限制，主要用于表现舞台和旷野中的雾效。分层雾的效果如图 6-44 所示。

图6-43　标准雾效果

图6-44　分层雾效果

3. 体积雾

体积雾特效可以在场景中生成密度不均匀的三维云团，如图 6-45 所示。它能够像分层雾一样使用噪波参数，适合制作可以被风吹动的云雾效果。

4. 体积光

体积光特效可以产生具有体积的光线，这些光线可以被物体阻挡，产生光线透过缝隙的效果，如图 6-46 所示。

图6-45　体积雾效果

图6-46　体积光效果

二、效果

效果主要用于生成一些图像特效，在 3ds Max 2012 中提供了 10 种特效效果，如图 6-47 所示。其中常用的有运动模糊、镜头效果、模糊、景深和胶片颗粒等，下面简要介绍几种常用特效。

1. 镜头效果

镜头效果用于模拟与镜头相关的各种真实效果，镜头效果包括光晕、光环、射线、自动二级光斑、手动二级光斑、星形和条纹 7 个类型，如图 6-48 所示。

图6-47 效果列表 　　　　镜头效果列表　　　　图6-48 镜头效果　　效果图

(1) 光晕（Glow）。

光晕可以用于在指定对象的周围添加光环。例如，对于爆炸粒子系统，给粒子添加光晕使它们看起来更明亮而且更热。光晕效果如图 6-49 所示。

(2) 光环（Ring）。

光环是环绕源对象中心的环形彩色条带，其效果如图 6-50 所示。

(3) 射线（Ray）。

射线是从源对象中心发出的明亮的直线，为对象提供亮度很高的效果。使用射线可以模拟摄影机镜头元件的划痕，其效果如图 6-51 所示。

图6-49 光晕效果 　　　　图6-50 光环效果 　　　　图6-51 射线效果

(4) 自动/手动二级光斑（Auto/Manual Secondary）。

二级光斑是可以正常看到的一些小圆，沿着与摄影机位置相对的轴从镜头光斑源中发出，如图 6-52 所示。这些光斑由灯光从摄影机中不同的镜头元素折射而产生。随着摄影机的位置相对于源对象更改，二级光斑也随之移动。

(5) 星形（Star）。

星形比射线效果要大，由 0～30 个辐射线组成，而不像射线由数百个辐射线组成，如图 6-53 所示。

(6) 条纹（Streak）。

条纹是穿过源对象中心的条带，如图 6-54 所示。在实际使用摄影机时，使用失真镜头拍摄场景时会产生条纹。

图6-52 二级光斑效果 　　　　图6-53 星形效果 　　　　图6-54 条纹效果

2．模糊

模糊特效提供了 3 种不同的方法使图像变模糊：均匀型、方向型和径向型，如图 6-55所示。

原始效果

均匀型

方向型

径向型

图6-55　模糊效果

3．景深

景深效果模拟在通过摄影机镜头观看时，前景和背景的场景元素的自然模糊，如图6-56 所示。

4．胶片颗粒

胶片颗粒用于在渲染场景中重新创建胶片颗粒的效果，如图 6-57 所示。

图6-56　景深效果

图6-57　将胶片颗粒应用于场景前后

6.3.2　范例解析——制作"游戏场景特效"

本例将详细介绍使用环境设置制作体积光和火焰效果的方法，该范例制作前和完成后的最终效果如图 6-58 所示。

图6-58　最终效果

【操作步骤】

1. 创建火焰效果。

(1) 打开附盘文件"素材\第 6 章\游戏场景\
游戏场景-模板.max",为了方便制作,
已将场景中的部分元素隐藏,若想显
示全部场景,可在窗口上单击鼠标右
键在弹出的快捷菜单中选择【全部取
消隐藏】命令。

(2) 进入【创建】面板的【辅助对象】菜
单栏,在下拉列表中选择【大气装
置】选项,单击 球体 Gizmo 按钮,在顶
视口中绘制一个"球体 Gizmo"辅助对
象,在【修改】面板中设置【名称】
为"火焰",并按照图 6-59 所示设置其
他参数。

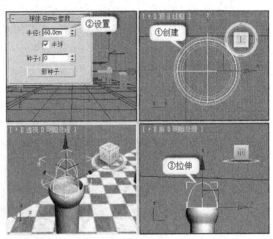

图6-59　"火焰"的创建与设置

(3) 按照图 6-60 所示的步骤进行火焰效果的添加与设置。

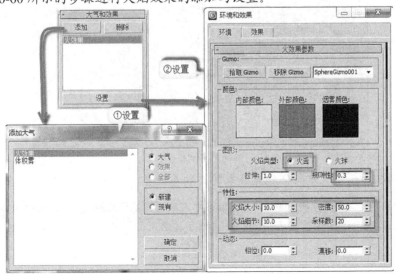

图6-60　火焰效果的添加与设置

(4) 按住 Shift 键将"火焰"图标拖曳到其他"火坛"上，在弹出的【克隆选项】对话框中选择【实例】方式进行克隆，其位置如图 6-61 所示。

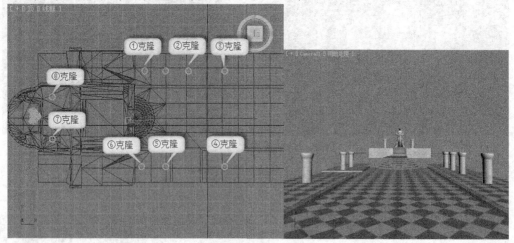

图6-61 克隆"火焰"

2. 创建体积光效果。

(1) 进入【创建】面板的【灯光】菜单栏，在下拉列表中选择【标准】选项，单击 目标平行光 按钮，在顶视口上创建一个"目标平行光"对象，按照图 6-62 所示设置参数及大小。

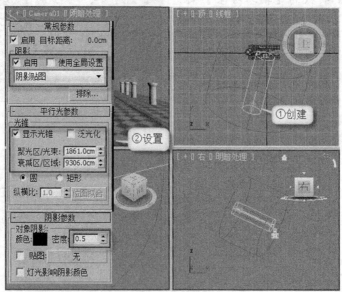

图6-62 创建平行光

(2) 按照图 6-63 所示步骤进行体积光效果的添加与设置，此时渲染效果如图 6-64 所示。

> 要点提示 如渲染时建筑的墙面和屋顶未被渲染出来，可在【渲染设置】对话框的【公用参数】卷展栏的【选项】分组框中选择【渲染隐藏几何体】复选项。

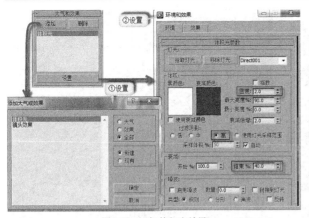

图6-63 添加体积光效果

图6-64 查看效果

(3) 目前体积光效果已经出现，但是场景中的明暗结构不正确，有些位置过黑，下面将为场景补光。

3. 为场景补光。

(1) 在工具栏的选择过滤器【全部】下拉列表中选择【L-灯光】选项。

(2) 进入【创建】面板的【灯光】菜单栏，在下拉列表中选择【标准】选项，单击 泛光灯 按钮，在顶视口中创建一个"泛光灯"对象，按照图 6-65 所示设置参数及位置。

(3) 单击 天光 按钮，在顶视口中创建一个"天光"对象，按照图 6-66 所示设置参数及位置。

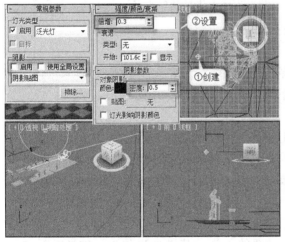

图6-65 创建泛光灯

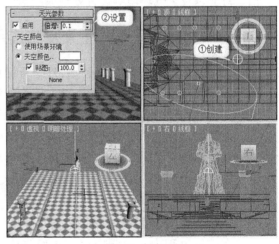

图6-66 创建天光

(4) 单击 泛光灯 按钮，在顶视口中的一个火坛中创建一个泛光灯，在【修改】面板中设置【名称】为"火焰光照"，按照图 6-67 所示设置参数及位置。

(5) 按住 Shift 键将"火焰光照"图标拖曳到其他火坛上，在弹出的【克隆选项】对话框中选择【实例】方式进行克隆，其位置如图 6-68 所示。

(6) 最后再次渲染摄影机视图，最终效果如图 6-58 所示。

175

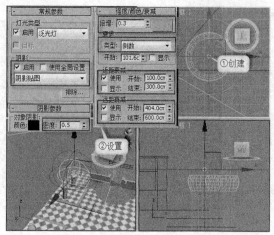

图6-67　参数设置

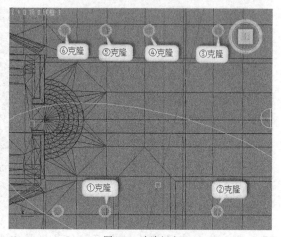

图6-68　克隆灯光

 在火坛上建立泛光灯是为了模拟火焰的光照，火焰本身是没有光照的。

6.4　渲染

渲染是 3ds Max 制作流程的最后一步。所谓渲染就是给场景着色，将场景中的模型、材质、灯光以及大气环境等设置处理成图像或者动画的形式并且保存起来。

6.4.1　功能讲解——渲染及其应用

渲染就是对创建场景的各项程序进行运算以获得最终设计结果的过程。对场景进行渲染操作后，将生成完全独立于 3ds Max 的影像作品。

一、　认识渲染器

渲染器就是用于渲染的工具，渲染器的实质是一套求解算法，渲染器之间的本质区别主要是渲染算法的不同。3ds Max 支持的渲染器非常多，内置的渲染器包括"默认扫描线渲染器"和"mental ray 渲染器"。另外，还有大量的外挂渲染器，如 Brazil、VRay、Maxwell、Final Render 等。

二、　指定渲染器的方法

在渲染过程中，通常会根据需要指定渲染器的种类，其操作步骤为：按 F10 键打开【渲染设置】窗口，在【公用】选项卡底部展开【指定渲染器】卷展栏，单击【产品级】右边的 … 按钮弹出【选择渲染器】对话框，在列表中选择需要的渲染器，单击 确定 按钮完成渲染器的指定，如图 6-69 所示。

三、　渲染器公用参数介绍

【公用参数】卷展栏中的参数是最常用到的，如图 6-70 所示，其各分组框的功能说明如下。

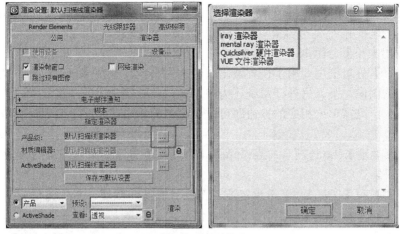

图6-69 指定渲染器

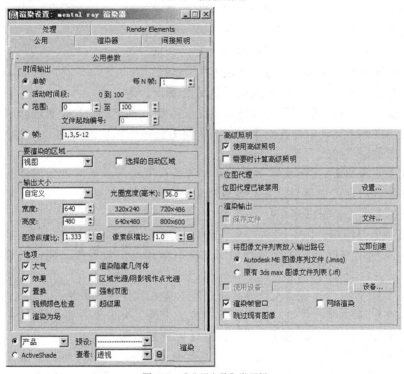

图6-70 【公用参数】卷展栏

(1) 【时间输出】分组框。

【时间输出】分组框主要用于确定要对哪些帧进行渲染。

- 【单帧】: 主要用于渲染静态效果。通常在查看固定的某一帧的效果时使用这种方式。

- 【活动时间段】: 用于渲染动画, 使用该选项可以从时间轴开始的第 0 帧渲染动画, 直至时间轴最后 1 帧。

- 【范围】: 该选项允许用户指定一个动画片段进行渲染。其格式为【开始帧】至【结束帧】。

177

- 【帧】：渲染选定帧。使用该选项可以直接将需要渲染的帧输入其右侧的文本框中，单帧用 "," 号隔开，时间段之间用 "-" 连接。

(2) 【输出大小】分组框。

　　【输出大小】分组框主要用于设置输出图像的大小，其中在【自定义】下拉列表中可以指定一些常用的图像大小。另外，系统还为用户提供了一些常用的图像尺寸，并以按钮的形式放置在面板上，只需单击相应的按钮即可定义图像的输出尺寸。下面对分组框中的参数进行简要介绍。

- 【光圈宽度】：该选项只有在激活了【自定义】选项后才可用，它不改变视口中的图像。
- 【高度】和【宽度】：用于指定渲染图像的高度和宽度，单位为像素。如果锁定了【图像纵横比】，则其中一个数值的改变将影响到另外一个数值。

- 预设分辨率按钮组：单击其中任意一个按钮可以将渲染图像的尺寸改变为指定的大小。在这些按钮上单击鼠标右键，可以打开【配置预设】对话框，可在此对图像的大小进行设置，如图 6-71 所示。

图6-71　【配置预设】对话框

- 【图像纵横比】：用于决定渲染图像的长宽比。通过设置图像的高度和宽度可以自动决定长度比，也可以通过设置图像的长宽比以及高度或者宽度中的某一个数值来决定另外一个选项的数值。长宽比不同得到的图像也不同。
- 【像素纵横比】：用于决定图像像素本身的长宽比。如果渲染的图像将在非正方形像素的设备上显示，那么就应该设置这个选项。例如，标准的 NTSC 电视机的像素的长宽比为 0.9。

(3) 【选项】分组框。

　　该分组框主要用来选择是否渲染所设置的大气效果、渲染效果、隐藏效果以及是否渲染隐藏物体等。

- 【大气】：如果禁用该选项，则不渲染雾和体积光等大气效果。
- 【效果】：如果禁用该选项，则不渲染镜头光效、火焰等一些特效。
- 【置换】：如果禁用该选项，则不渲染【置换】贴图。
- 【视频颜色检查】：扫描渲染图像，寻找视频颜色之外的颜色。当启用该选项后，将选择【首选项设置】对话框中的【渲染】选项卡下的视频颜色检查选项。
- 【渲染为场】：启用该选项后，将渲染到视频场，而不是视频帧。
- 【渲染隐藏几何体】：启用该选项后将渲染场景中隐藏的对象。如果场景比较复杂，则在建模时经常需要隐藏对象，而在渲染时又需要渲染这些对象，此时就应启用该选项。
- 【区域光源/阴影视作点光源】：将所有的区域光源或区域阴影都作为发光点来进行渲染，可以加速渲染过程。
- 【强制双面】：启用该选项将强制渲染场景中的所有面的背面，这对法线有问题的模型非常有用。
- 【超级黑】：启用该选项则背景图像变为纯黑色。如果要合成渲染的图像，则该选项非常有用。

(4)　【高级照明】分组框。

在该分组框中提供了两个关于高级照明的选项。

- 【使用高级照明】：将启用高级照明渲染功能，该选项使用较频繁。
- 【需要时计算高级照明】：在需要的情况下启用高级照明。

(5)　【渲染输出】分组框。

【渲染输出】分组框用于设置渲染输出的文件格式，其操作方法为：单击 文件... 按钮打开【渲染输出文件】对话框，设置文件的保存路径，输入文件名并指定保存类型，如图 6-72 所示，在渲染时将把渲染好的图片或图片序列保存起来。

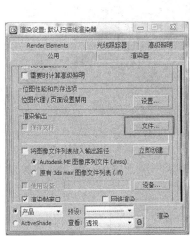

图6-72　输出文件

6.4.2　范例解析 1——制作"焦散效果"

焦散是透明物体普遍具有的特性，本例将详细介绍使用渲染产生焦散效果的方法，该范例完成后的最终效果如图 6-73 所示。

图6-73　设计效果

【操作步骤】

1.　查看最初效果。

(1)　打开附盘文件"素材\第 6 章\焦散效果\焦散效果.max"。

(2) 在工具栏中单击 按钮渲染摄影机视图，得到如图 6-74 所示的效果。

2. 对象属性设置。

(1) 同时选中场景中的两个"圆环"对象，单击鼠标右键，在弹出的菜单中选择【对象属性】命令，打开【对象属性】对话框。

(2) 选择【mental ray】选项卡，在【焦散和全局照明(GI)】分组框中选择【生成焦散】复选项，如图 6-75 所示。

图6-74 最初效果

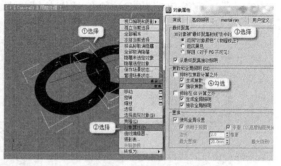

图6-75 对象属性设置

(3) 选择场景中的"mr 区域聚光灯 01"，在【修改】面板中展开【mental ray 间接照明】卷展栏，设置【能量】参数为"0.1"，如图 6-76 所示。

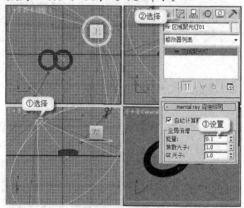

图6-76 设置聚光灯参数

3. 渲染设置。

(1) 按 F10 键打开【渲染设置】窗口，切换到【间接照明】选项卡，在【焦散和全局照明(GI)】卷展栏的【焦散】分组框中选择【启用】复选项，设置【每采样最大光子数】参数为"200"，选择【最大采样半径】复选项，设置参数为"2.0"，在【过滤器】下拉列表中选择【圆锥体】选项，如图 6-77 所示。

(2) 渲染摄影机视图，得到图 6-78 所示的效果。可以看出已经有焦散效果，但场景中还有一些明显的光斑。

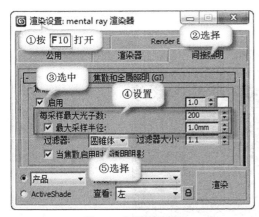

图6-77 启用全局照明

图6-78 光子传递结果

4. 提升品质，渲染最终效果。

(1) 在【焦散和全局照明(GI)】卷展栏的【灯光属性】分组框中，设置【每个灯光的平均焦散光子】参数为 "500000"，如图 6-79 所示。

(2) 渲染摄影机视图，得到焦散的最终效果如图 6-73 所示。

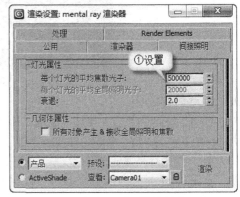

图6-79 对象属性设置

 【每个灯光的平均焦散光子】参数的值越大，渲染得到的焦散效果就越好，但相应的渲染时间也会越长，用户可根据计算机的性能合理设置该值。

6.4.3 范例解析 2——制作 "全局照明效果"

本例将介绍渲染中的全局照明设置，从而模拟真实世界中灯光的漫反射照明效果，该范例完成后的最终效果如图 6-80 所示。

图6-80 设计效果

【操作步骤】

1. 查看最初效果。

(1) 打开附盘文件"素材\第 6 章\全局照明\全局照明.max"。

(2) 在工具栏中单击 ⬠ 按钮渲染摄影机视图，得到如图 6-81 所示的效果。

图6-81 最初效果

2. 启用全局照明。

(1) 按 F10 键打开【渲染设置】窗口，切换到【间接照明】选项卡，在【焦散和全局照明 (GI)】卷展栏的【全局照明(GI)】分组框中选择【启用】复选项，设置【倍增】等参数，在【灯光属性】分组框中设置灯光参数，如图 6-82 所示。

(2) 单击 ⬠ 按钮渲染摄影机视图，得到如图 6-83 所示的效果。场景中出现了大量的光斑，以表示光子传递的效果。

图6-82 启用全局照明

图6-83 光子传递结果

 要想减少光斑和黑斑，有以下两种方法：一种是增加全局光子数量，这种方法会增加光子贴图的计算时间；另一种是增加光子的半径，这种方法不会增加光子贴图的计算时间，但是会丢失细节。

3. 启用最终聚集。

(1) 在【渲染设置】窗口的【最终聚集】卷展栏中选择【启用最终聚集】复选项,将【最终聚集精度预设】分组框中的滑块拖到最左侧设为"草图级",设置【漫反射反弹次数】为"2",如图 6-84 所示。

(2) 渲染摄影机视图查看效果,如图 6-85 所示。可见场景被完全照亮,但是场景中仍然存在黑斑。

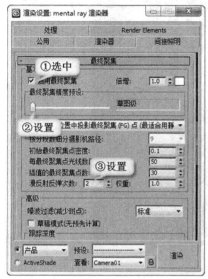

图6-84 启用最终聚集

图6-85 查看效果

4. 进行最终设置,渲染最终效果。

(1) 在【最终聚集】卷展栏中将【最终聚集精度预设】设置为"中";在【焦散和全局照明(GI)】卷展栏的【灯光属性】分组框中设置【每个灯光的平均全局照明光子】参数为"100000",如图 6-86 所示。

(2) 最后渲染摄影机视图,得到如图 6-80 所示的最终效果。

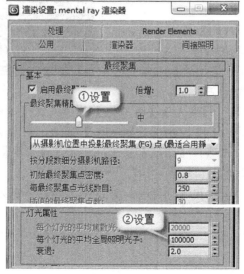

图6-86 最终设置

6.5 实训——制作"阳光照射的房屋"

本实训将在创建体积光的基础上为场景添加一些特效效果,从而使场景更加真实美观,该范例完成后的最终效果如图 6-87 所示。

图6-87 设计效果

【操作步骤】

1. 渲染场景,查看最初效果。

(1) 打开附盘文件"素材\第 6 章\阳光房屋\阳光房屋.max"。

(2) 单击 ⬚ 按钮渲染摄影机视图,得到如图 6-88 所示的效果。

2. 制作体积光效果。

(1) 按 F8 键打开【环境和效果】窗口,在【大气】卷展栏中单击 添加... 按钮,在弹出的【添加大气效果】对话框中双击"体积光"选项;在【大

图6-88 最初效果

气】卷展栏中【效果】列表中选择【体积光】选项,在【体积光参数】卷展栏中单击 拾取灯光 按钮,然后按 H 键打开【拾取对象】窗口,双击选择灯光"Direct01";在【体积光参数】卷展栏中选择【指数】复选项;设置【密度】为"4",【过滤阴影】为"高",【衰减】的【结束】值设为"70",如图 6-89 所示。

(2) 再次单击 ⬚ 按钮渲染摄影机视图,得到如图 6-90 所示的体积光效果。

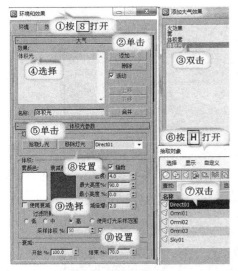

图6-89 体积光设置

图6-90 体积光效果

3. 添加特效。

(1) 在【环境和效果】窗口中切换到【效果】选项卡，单击 添加... 按钮，在弹出的【添加效果】对话框中双击【模糊】选项；在【效果】列表中选择【模糊】选项，在【模糊参数】卷展栏中设置参数如图 6-91 所示。

(2) 在【模糊参数】卷展栏中切换到【像素选择】选项卡，按照如图 6-92 所示设置参数。

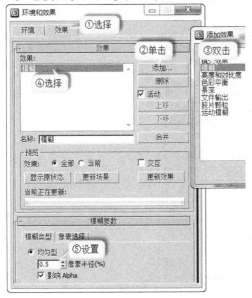

图6-91 添加模糊特效

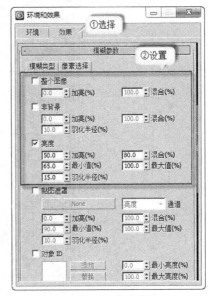

图6-92 参数设置

(3) 在【效果】卷展栏中单击 添加... 按钮，在弹出的【添加效果】对话框中双击【镜头效果】选项；在【效果】列表中选择【镜头效果】选项，在【镜头效果参数】卷展栏选择左侧列表中的 "Glow" 选项，然后单击 > 按钮将其添加到右侧列表中，如图 6-93 所示。

(4) 分别在【镜头效果全局】卷展栏和【光晕元素】卷展栏中设置参数，如图 6-94 所示。

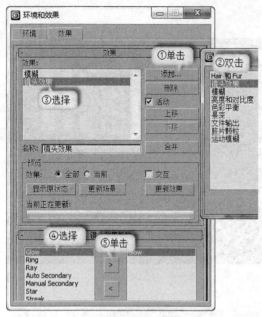

图6-93　添加镜头效果

图6-94　参数设置

（5）　在【光晕元素】卷展栏中切换到【选项】选项卡，设置参数如图 6-95 所示。

（6）　再次渲染摄影机视图，得到最终效果如图 6-87 所示。

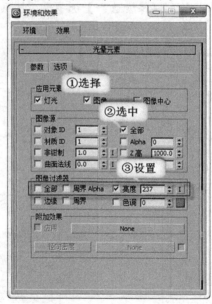

图6-95　参数设置

6.6　学习辅导——安全框的使用

　　读者在出渲染效果图的时候可能都出现过渲染效果图范围和用来渲染的视口范围不同的
情况，如果要达到出图范围和预期效果一样的话，就必须具备一定的出图经验，对于初学的
读者可以使用安全框功能来辅助出图。

(1)　按 Ctrl+O 键打开附盘文件 "素材\第 6 章\画室景深效果\画室景深效果.max"。

(2)　显示安全框。

①　按 C 键切换到摄影机视图。

②　在视口左上角用鼠标右键单击 "Camera01"。

③　在弹出的快捷菜单中选择【显示安全框】命令，如图 6-96 所示。

(3)　如图 6-97 所示即为显示安全框的效果，此时在安全框以内的区域就是出图的区域了。

图6-96　显示安全框

图6-97　显示安全框效果

6.7　思考题

1.　简要说明透视视口、灯光视图与摄影机视图的区别。

2.　摄影机的焦距和视野之间有什么联系？

3.　灯光的阴影有哪些类型，各有何特点？

4.　如何在场景中添加大气效果？

5.　什么是渲染，如何将作品渲染成视频格式文件？

第7章 制作基本动画

动画是影视特效及三维展示的重要手段，目前，国内外很多三维动画片都使用 3ds Max 来完成。3ds Max 为设计师提供了丰富多样的动画设计工具和动画控制器，使用这些工具可以创建出风格各异的动画作品。

【学习目标】

- 明确动画的概念以及制作原理。
- 明确关键帧的含义及其在动画制作中的用途。
- 掌握轨迹视图的用法。
- 掌握约束动画的制作方法。

7.1 动画制作基础

在制作三维动画之前，首先来了解动画的原理、动画控制工具及简单的关键帧动画的制作方法。

7.1.1 基础知识——了解动画的基本知识

动画是连续播放的一系列静止的画面。在 3ds Max 中可以将对象的参数变换设置为动画，这些参数随着时间的推移发生改变就产生了动画效果。

一、 动画的原理

动画是以人类视觉的原理为基础：如果快速查看一系列相关的静态图像，就会感觉到这是一个连续的运动。每一个单独的图像称为一帧，如图 7-1 所示。

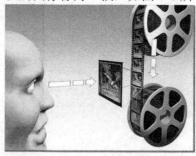

图7-1 动画原理

3ds Max 的动画制作原理和制作电影一样，就是将每个动作分成若干个帧，然后将所有帧连起来播放，在人的视觉中就形成了动态的视觉效果。

3ds Max 的动画功能非常强大，既可以通过记录摄影机、灯光、材质的参数变化来制作动画，也可以用动力学系统来模拟各种物理动画，如图 7-2 所示。

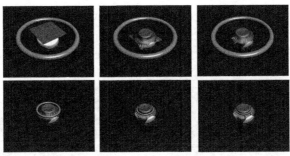

图7-2　模拟物理现象

二、　创建动画

在 3ds Max 2012 中创建动画有两种方式，一种是自动关键点模式，另一种是设置关键点模式。

【例7-1】　创建动画。

1.　自动关键点模式。

(1)　在场景中创建一个小球，然后赋予地球的贴图材质（附盘\素材\第 7 章\知识点小案例\maps）。

(2)　在 3ds Max 2012 主界面右下方的动画控制区中单击 自动关键点 按钮，如图 7-3 所示，开启动画记录模式。

(3)　将时间滑块移动到第 60 帧，将其沿 y 轴进行旋转 180°，如图 7-4 所示。

图7-3　开启自动关键点模式

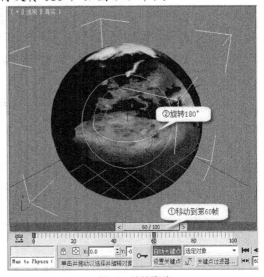

图7-4　旋转模型

(4)　在时间控制区中单击 ▶ 按钮，播放动画，可以观看动画效果。

> **要点提示**　单击 自动关键点 按钮后，当前激活的视口以红色边框显示，表示已经开启了自动关键点模式，将时间滑块拖曳到一个帧上，然后对模型进行移动、旋转等操作，系统就会自动将模型的变化记录为动画。

2.　设置关键点模式。

(1)　重置场景，在场景中创建一个茶壶。

(2) 在动画控制区中单击 设置关键点 按钮，设置关键点模式。

(3) 在第 0 帧单击 ∽ 按钮创建一个关键帧，如图 7-5 所示。

(4) 将时间滑块拖曳到第 60 帧，并移动对象，再次单击 ∽ 按钮创建一个关键帧，如图 7-6 所示。

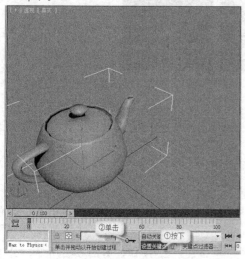

图7-5 设置关键帧　　　　　　　　　　　　　　图7-6 移动对象

(5) 在时间控制区中单击 ▶ 按钮，播放动画，可以观看动画效果。

 单击 设置关键点 按钮后，开启了设置关键点模式，它能够在独立轨迹上创建关键帧，当一个对象的状态调整至理想状态，可以使用该项状态创建关键帧。如果移动到另一个时间而没有设置关键帧（未按下 ∽ 按钮），那么该状态将被放弃。

三、 认识关键帧

在通常情况下只要设置好动画的起始和终止两个关键帧以及中间的动作方式，关键帧之间的所有动画就会由 3ds Max 自动生成。

记录动画后在轨迹栏中的开始位置和结束位置创建包含参数变化值的关键帧标记。关键帧标记会根据类型的不同用不同的颜色进行显示，红色代表位置信息、绿色代表旋转信息、蓝色代表缩放信息，如图 7-7 所示。关键帧的相关知识如表 7-1 所示。

图7-7 创建关键帧

表 7-1　　　　　　　　　　　　关键帧相关知识

知识链接	关键帧编辑技巧
选项	采用方法
移动关键帧	选择需要移动的关键帧，按住鼠标左键并拖曳，即可进行移动
复制关键帧	选择需要复制的关键帧，按住 Shift 键并按住鼠标左键拖曳，然后进行复制
删除关键帧	选择需要删除的关键帧，按 Delete 键进行删除

在遇到多个参数的关键帧时，可以选择关键帧，单击鼠标右键，然后对需要改变的关键帧进行操作。

3. 时间控制区。

时间控制区中的工具如图 7-8 所示，除了具有播放动画的功能外，还可以对动画的时间进行设置，具体的功能如表 7-2 所示。

图7-8　时间控制区

表 7-2　　　　　　　　　　　　　　　时间控制区功能

选项	功能介绍
▏◀◀ （转至开头）	将时间滑块移动到活动时间段的第 1 帧
◀▐▏（上一帧）	将时间滑块移动到上一帧
▶ ．（播放动画）	在激活的视口中播放动画
▐▏▶（下一帧）	将时间滑块移动到下一帧
▶▶▏（转至结尾）	将时间滑块移动到活动时间段的最后一帧
▶▏◀（关键点模式切换）	在关键帧之间跳转，单击该按钮后单击◀▐▏按钮或▐▏▶按钮，可以由一个关键帧跳到下一个关键帧
▏0	显示时间滑块当前所处的时间，在此输入数值后，时间滑块可以跳到输入数值所处的时间上
▦（时间配置）	单击该按钮，打开【时间配置】对话框，在对话框中提供了帧速率、时间显示、播放和动画的设置参数

4. 认识【时间配置】对话框。

单击图 7-8 所示的时间控制区中的▦按钮，打开【时间配置】对话框，如图 7-9 所示，其具体功能如表 7-3 所示。

图7-9　【时间配置】对话框

表 7-3 　　　　　　　　　　　　　　　　　【时间配置】对话框

分组框	参数	功能介绍
【帧速率】分组框	NTSC	美国和日本视频标准，帧速率为 30 帧/s
	PAL	我国和欧洲视频标准，帧速率为 25 帧/s
	电影	电影胶片标准，帧速率为 24 帧/s
	自定义	选择该项后，可以在下面的【FPS】文本框中自定义帧速率
【时间显示】分组框	帧	完全使用帧显示时间 这是默认的显示模式。单个帧代表的时间长度取决于所选择的当前帧速率。例如，在 NTSC 视频中，每帧代表 1/30s
	SMPTE	使用电影电视工程师协会格式显示时间 这是一种标准的时间显示格式，适用于大多数专业的动画制作。SMPTE 格式从左到右依次显示分钟、秒和帧
	帧:TICK	使用帧和程序的内部时间增量（称为"tick"）显示时间 每秒包含 4800 tick，所以实际上可以访问最小为 1/4800s 的时间间隔
	分:秒:TICK	以分钟 (min)、秒钟 (s) 和 tick 显示时间，其间用冒号分隔。例如，02:16:2240 表示 2min、16 s 和 2240tick
【动画】分组框	开始时间	设置动画的开始时间
	结束时间	设置动画的结束时间
	长度	设置动画的总长度
	帧数	设置可渲染的总帧数，它等于动画的时间总长度加 1
	当前时间	设置时间滑块当前所在的帧
	重缩放时间	单击该按钮后会弹出一个对话框，在改变时间长度的时间，可以把动画的所有关键帧通过增加或减少中间帧的方式缩放到修改后的时间内

7.1.2　范例解析——制作"花苞绽放"的效果

本案例将使用基本体创建花朵，并制作出花朵绽放的动画效果，效果如图 7-10 所示。

图7-10　效果图

【操作步骤】

1.　制作花瓣。

(1)　新建一个场景文件。

(2)　单击【创建】面板上的 ▢球体▢ 按钮，在顶视口上绘制一个球体，在【修改】面板中设置【名称】为"花蕊"，并按照如图 7-11 所示设置其他参数。

(3)　按住 Shift 键拖动复制出 1 个小球，并命名为"花瓣001"，如图 7-12 所示。

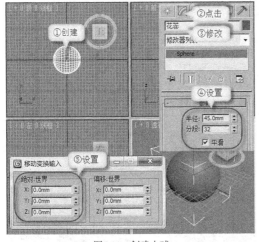

图7-11　创建小球

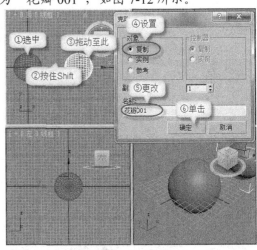

图7-12　复制小球

(4)　选择名为"花瓣001"的小球，设置其半径为20。

(5)　用鼠标右键单击主工具栏上的 ▢ 按钮，在弹出的【缩放变换输入】对话框中设置缩放变形参数，并调整花瓣的位置，效果如图 7-13 所示。

(6)　单击【层次】面板上【调整轴】卷展栏中的 ▢仅影响轴▢ 按钮，然后按 W 键，在顶视口中，将坐标轴移动到"花瓣01"的左端，效果如图 7-14 所示。

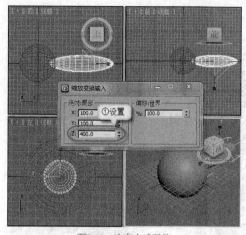

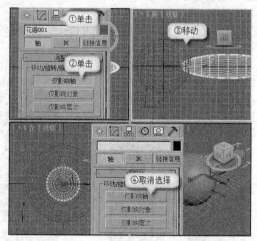

图7-13 改变小球形状　　　　　　　图7-14 移动坐标轴

(7) 确认"花瓣001"处于选中状态，按 E 键，单击中心轴按钮，设定为 形态，单击参考坐标系选框，选择【拾取】选项，然后单击"花蕊"对象，这时参考坐标系选框中的坐标系变为"花蕊"，如图 7-15 所示。

要点提示 这里设置的目的是设置对象"花蕊"为参考坐标系，然后才能使花瓣以"花蕊"为基准中心进行旋转。

(8) 单击工具栏中的 按钮启动角度捕捉功能，然后在顶视口中按住 Shift 键拖动"花瓣01"沿 y 轴旋转30°，弹出【克隆选项】对话框，按照图 7-16 所示设置其他参数，结果如图 7-17 所示。

要点提示 这里复制完成后，将参考坐标系设置为"视图"，中心轴设定为默认形态 。

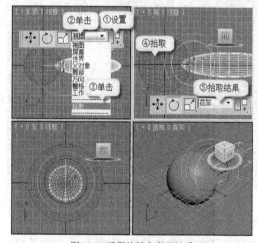

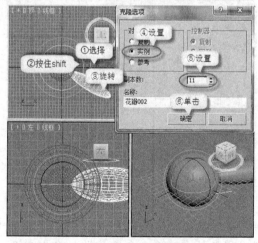

图7-15 设置旋转参考坐标系　　　　　图7-16 复制花瓣

2. 制作花茎和叶子。

(1) 单击【创建】面板上的 圆柱体 按钮，在顶视口上绘制 1 个圆柱体，在【修改】面板中设置【名称】为"花茎"，并按照图 7-18 所示设置其他参数。

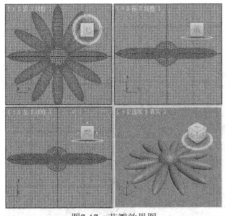

图7-17　花瓣效果图

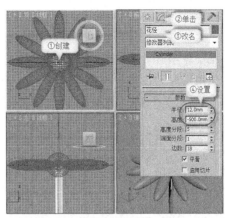

图7-18　创建花茎

(2) 在前视口中选择名为"花瓣01"的对象，按住 Shift 键和鼠标左键并拖曳复制出 1 个小球，命名为"叶子"，如图 7-19 所示。

(3) 选中名为"叶子"的对象，在【修改】面板中添加【FFD3×3×3】的修改器，进入修改器的"控制点"级别，在视口中调整对象，使其达到图 7-20 所示的效果。

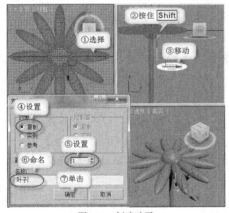

图7-19　创建叶子

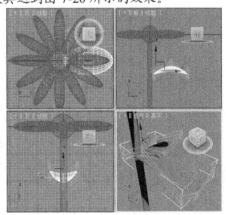

图7-20　调整叶子形状

(4) 选择【实例】方式复制另一片"叶子"，按住 Shift + F 键打开安全框，并调整两片叶子的位置，效果如图 7-21 所示。

(5) 按 F9 键渲染透视视口，效果如图 7-22 所示。

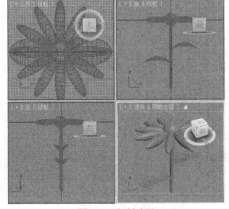

图7-21　复制叶子

图7-22　渲染效果图

3. 设置动画。

(1) 在参考坐标系下拉列表中选择【局部】选项，选中名为"花瓣001"的对象，将其沿 y 轴旋转 100°，效果如图 7-23 所示。

(2) 使用同样的方法将其他花瓣沿 y 轴旋转 100°，效果如图 7-24 所示。

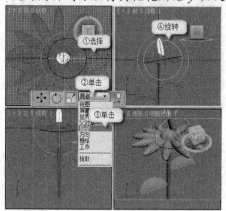

图7-23 旋转花瓣

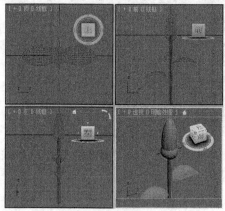

图7-24 花苞效果图

(3) 花苞制作完成后，单击 自动关键点 按钮，启动动画记录模式，移动时间滑块到第 60 帧，向下旋转花瓣对象，旋转的角度可以自定，这里设置为 100°。

(4) 设置完成后，关闭动画记录模式。左右拖动时间轴上的时间滑块，便可观看花苞绽放的动画效果。

4. 渲染动画。

(1) 按 M 键打开【材质编辑器】窗口，单击【获取材质】按钮 ，打开【材质/贴图浏览器】对话框，再单击左上角 按钮，在弹出的下拉菜单中选择【打开材质库】命令，在【导入材质库】对话框，将本书附盘中的"素材\第 7 章\花朵绽放\5-1-2.mat"中的全部材质合并到当前文档中，如图 7-25 所示。

(2) 将"花瓣"材质赋给"花瓣"对象，"花蕊"材质赋给"花蕊"对象，"花茎"材质赋给所有"花茎"对象，最后为场景打上灯光，得到图 7-26 所示的效果。

图7-25 【材质/贴图浏览器】对话框

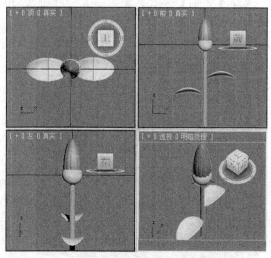

图7-26 添加材质后的效果

(3) 选择【渲染】/【环境】命令，打开【环境和效果】窗口，单击 [无] 按钮，然后将 "环境" 材质赋给 "背景"，如图 7-27 所示。

如果 "环境" 材质显示为黑色，那么需要重新选择位图为本书附盘中的 "素材\第 7 章\花朵绽放\maps\sky1.jpg"，在赋予材质时选择 "示例窗" 中的材质。

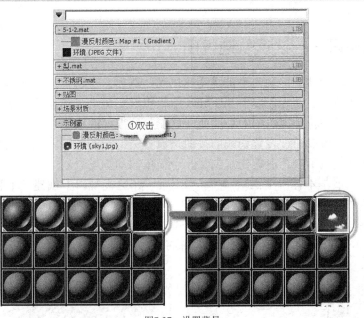

图7-27 设置背景

(4) 按 [F10] 键，打开【渲染设置】窗口，设置时间输出为 "范围: 0 至 70"，设置输出大小为 "640×480"，设置渲染器为 "默认扫描线渲染器"，并设置保存的格式和路径，然后进行动画渲染，如图 7-28 所示。

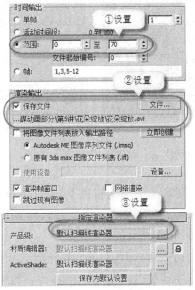

图7-28 设置渲染参数

至此本实例制作完成。

7.2 制作简单动画

关键帧动画是计算机动画中应用最广泛的动画方式，它不仅可以制作前面案例中位置情况、旋转方式、缩放比例的动画方式，还可以对修改器中的参数、摄影机等状态的信息进行动画的制作。

7.2.1 基础知识——认识轨迹视图

在现实生活中，物体的运动几乎都是变速运动。例如，重物从高处下落、车辆的起步和停止以及有弹性物体的运动等。要在 3ds Max 中模拟这类运动，单靠关键帧是远远不够的，而利用 3ds Max 提供的轨迹视图中的功能曲线就能起到很好的效果。

在轨迹视图中，可以通过设置切线的按钮来设置关键点的类型，从而控制物体的运动方向和轨迹。在介绍这些工具之前首先来创建一个简单的动画场景。

(1) 使用"扩展基本体"中的 软管 工具，在透视视口中创建一个软管模型，具体参数设置如图 7-29 所示。

(2) 单击 自动关键点 按钮，启动动画记录模式，移动时间滑块到第 30 帧，将软管在 x 轴的位移设置为 70，将 z 轴的位移设置为 50，并将高度设置为 80，如图 7-30 所示。

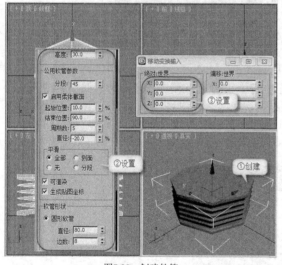

图7-29　创建软管

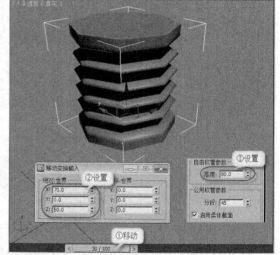

图7-30　第 30 帧处的参数设置

(3) 移动时间滑块到第 60 帧，将 x 和 z 的位移分别改为 120 和 0，并将高度改为 30，如图 7-31 所示。

(4) 关闭动画记录模式。选择【图形编辑器】/【轨迹视图 - 曲线编辑器】命令，打开【轨迹视图 - 曲线编辑器】窗口，在编辑框中可以看到两条功能曲线，红色代表 x 轴的位移，蓝色代表 z 轴的位移，如图 7-32 所示。

> **要点提示**　进入【曲线编辑器】窗口的另一种简单方法为：选中需要编辑的对象，单击鼠标右键，在弹出的快捷菜单中选择【曲线编辑器】命令，便可直接进入该对象的【轨迹视图 - 曲线编辑器】窗口。

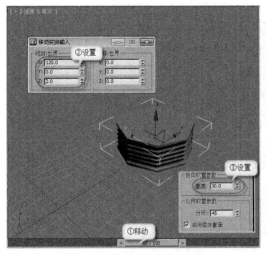

图7-31　创第60帧处的参数设置

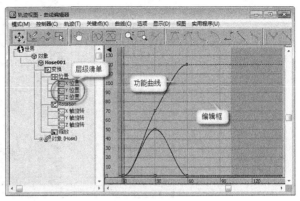

图7-32　【曲线编辑器】窗口

(5)　在级别清单中选择软管的【X 位置】和【Z 位置】两个选项，下面来研究位置的功能曲线。框选功能曲线上所有关键点，在工具栏中单击 按钮。这时曲线没有变化，如图 7-33 所示，因为这是功能曲线的默认方式。使用该按钮可以使物体运动的变换进行平滑过渡。

(6)　单击 按钮，这时关键点的控制手柄可用于编辑。选择【X 位置】使用曲线上中间关键点的控制手柄进行调整，如图 7-34 所示。设置完成后，拖动时间滑块观察，发现软管在运动到第30帧处，缓冲一下再往前运动。

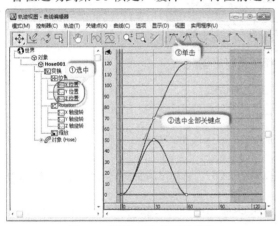

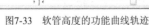

图7-33　软管高度的功能曲线轨迹

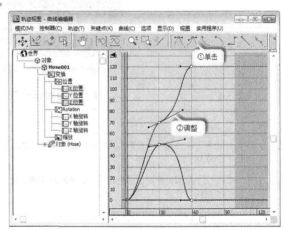

图7-34　设置功能曲线为自定义状态

(7)　按 Ctrl+Z 键撤销操作，单击 按钮，将关键点的功能曲线设置为线性曲线，如图 7-35 所示，操作完成后，拖动时间滑块，观察软管运动的状态，从 0 帧～第 30 帧，从第 30 帧～第 60 帧都做匀速运动。

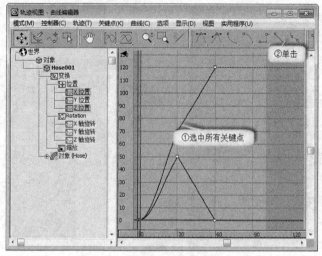

图7-35　设置功能曲线为线性状态

（8）　在【轨迹视图 - 曲线编辑器】窗口中，选择【控制器】/【超出范围类型】命令，打开【参数曲线超出范围类型】对话框，如图 7-36 所示，其功能如表 7-4 所示。

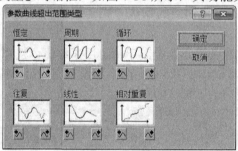

图7-36　【参数曲线超出范围类型】对话框

表 7-4　　　　　　　　　　　　　　　【参数曲线超出范围类型】对话框

选项	功能介绍
恒定	在所有帧范围内保留末端关键点的值。如果要在范围的起始关键点之前或结束关键点之后不再使用动画效果，应使用该选项
周期	在一个范围内重复相同的动画。如果起始关键点和结束关键点的值不同，动画会从结束帧到起始帧显示出一个突然的"跳跃"效果
循环	在一个范围内重复相同的动画，但是会在范围内的结束帧和起始帧之间进行插值来创建平滑的循环。如果初始和结束关键点同时位于范围的末端，循环实际上会与周期类似
往复	在动画重复范围内切换向前或向后
线性	在范围末端沿着切线到功能曲线来控制动画的值。如果想要动画以一个恒定速度进入或离开，应选择该项
相对重复	在一个范围内重复相同的动画，但可以调节重复动画的位置偏移量

7.2.2　范例解析——制作"波涛粼粼"的效果

本案例将为"波浪"修改器添加动画效果，从而制作出海面上波澜壮阔的动画效果，如图 7-37 所示。

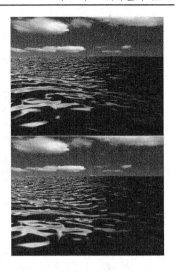

图7-37　效果图

【操作步骤】

1. 创建对象。

(1) 新建一个场景文件。

(2) 单击【创建】面板上的 ＿＿平面＿＿ 按钮，在顶视口上绘制一个平面，在【修改】面板中设置【名称】为"海面"，并按照图 7-38 所示设置其他参数。

(3) 切换到顶视口，选中"海面"对象，单击 按钮，沿着 z 轴向左旋转 10°，如图 7-39 所示。

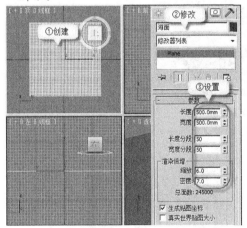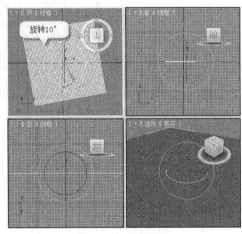

图7-38　创建平面　　　　　　　　　　　　　　图7-39　旋转平面

2. 设置动画。

(1) 在时间控制区中，单击 按钮，在弹出的【时间配置】对话框中设置相应的参数，如图 7-40 所示。

(2) 选中"海面"对象，在【修改】面板中为其添加【UVW 贴图】、【体积选择】以及【波浪】修改器，如图 7-41 所示。

> 需要注意的是，图中的两个"体积选择"修改器和两个"Wave"修改器并非错误的重复，这是有目的的，到后面会讲解（如果在修改面板中找不到某个修改器，可以到菜单栏上寻找）。

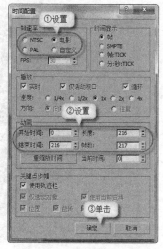

图7-40 【时间配置】对话框

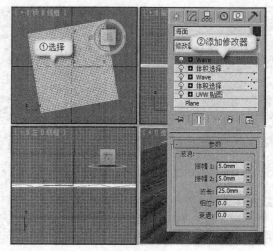

图7-41 添加修改器

(3) 选中"海面"对象，选择【UVW 贴图】修改器，设置相应参数，如图 7-42 所示。

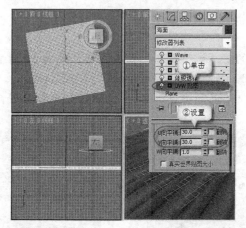

图7-42 设置【UVW 贴图】修改器参数

(4) 选择【体积选择】修改器，设置相应参数，如图 7-43 所示。

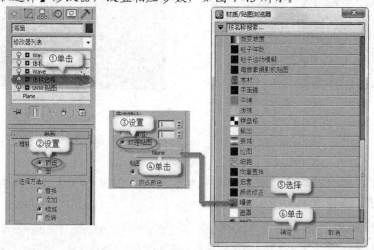

图7-43 设置【体积选择】修改器参数

(5) 在【纹理贴图】选项下面的 Map #1（Noise） 按钮上按住鼠标左键并拖曳到 1 个空白的材质球上，然后设置相应参数，如图 7-44 所示。

(6) 使用同样的方法为第 2 个【体积选择】修改器设置相应参数，设置的参数和第 1 个【体积选择】修改器只有一处不同，如图 7-45 所示。

(7) 选择【波浪】修改器，设置其相应参数，如图 7-46 所示，单击 自动关键点 按钮，启动动画记录模式，移动时间滑块到第 216 帧，设置其【相位】参数为"2"。

(8) 设置完成后，关闭动画记录模式。

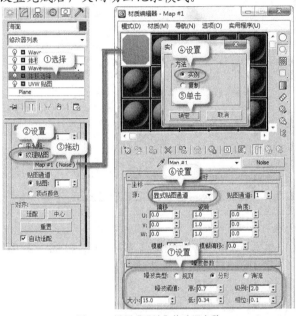

图7-44　设置【噪波】修改器参数　　　　　　图7-45　设置【体积选择】修改器参数

(9) 选择第 2 个【波浪】修改器，设置其相应参数，如图 7-47 所示，单击 自动关键点 按钮，启动动画记录模式，移动时间滑块到第 216 帧，在【参数】卷展栏中设置其【相位】参数为"2"。

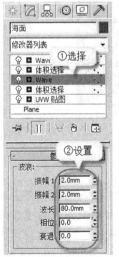

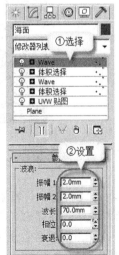

图7-46　设置【波浪】修改器参数　　　　　　图7-47　设置第 2 个【波浪】修改器参数

(10) 设置完成后，关闭动画记录模式。

(11) 选中 "海面"，在【图形编辑器】菜单中选择【轨迹视图 - 曲线编辑器】命令打开【轨迹视图 - 曲线编辑器】窗口，选择【Wave】项目下的【相位】选项，在右边视图中选择曲线的两个端点，单击 按钮将所有的【波浪】修改器功能曲线设置为线性，如图7-48 所示。

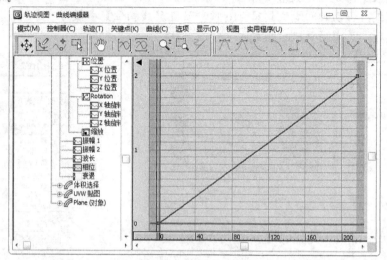

图7-48　将切线设置为线性

(12) 在透视视口中，调整视图的位置，按 Ctrl+C 键为视图添加一个摄影机，如图 7-49 所示。

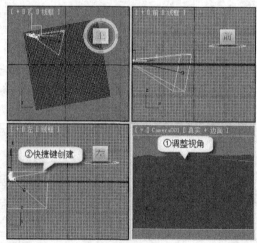

图7-49　添加摄影机

至此海面的动画效果制作完成。

3. 渲染动画。

(1) 按 M 键打开【材质编辑器】窗口，单击 按钮打开【材质/贴图浏览器】对话框，再单击左上角 按钮，在弹出的下拉菜单中选择【打开材质库】命令，在【导入材质库】对话框中，选择附盘文件 "素材\第 7 章\波涛粼粼\5-2-2.mat"，将外部材质文件导入【材质/贴图浏览器】对话框中，如图 7-50 所示。

(2) 将 "water" 材质赋给 "海面" 对象，得到图 7-51 所示的效果。

图7-50 【材质/贴图浏览器】浏览器

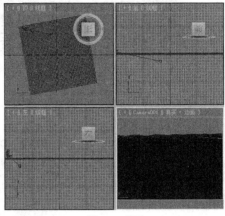

图7-51 效果

(3) 为了让场景完整，这里还需要制作天空。在场景中绘制一个球体，并命名为"天空"，然后将"sky"材质赋给"天空"对象，如图 7-52 所示，在【明暗器基本参数】卷展栏中选择【双面】复选项，材质设置完毕。按 Shift +Q 键渲染透视图，效果如图 7-53 所示。

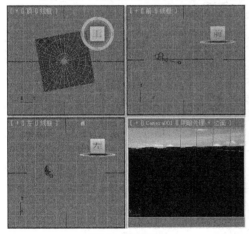

图7-52 制作天空

图7-53 效果

 如果透视视口渲染结果中出现漆黑一片、海面为黑色或者天空不显示等问题（见图 7-54），可能是材质中的位图文件路径不正确，重新加载对应材质的位图文件即可解决问题。例如，天空为粉红色，只要重新加载漫反射颜色贴图"素材\第 7 章\波涛鼎鼎\maps\sky.jpg"即可解决问题。

图7-54 材质设置

(4) 按 F10 键，打开【渲染设置】窗口，设置时间输出为"范围：0 至 216"，设置输出大小为"640×480"，设置渲染器为"默认扫描线渲染器"，并设置保存的格式和路径，如图 7-55 所示，然后进行动画渲染。

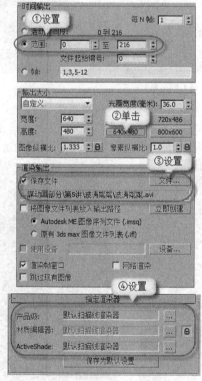

图7-55 【渲染设置】窗口

至此，本实例制作完成。

7.3 约束动画

约束动画是创建动画过程中的辅助工具，也可以说是一种特殊的控制器，如【路径约束】、【注视约束】等在控制器列表中都能找到。说其特殊是因为约束需要至少一个对象以及至少一个目标对象才能对约束对象施加特定的限制。

7.3.1　基础知识——认识约束动画

约束分为以下 7 种类型：附着约束、曲面约束、路径约束、位置约束、链接约束、注视约束和方向约束，下面主要介绍路径约束和注视约束的使用方法。

一、路径约束

路径约束可以将对象约束到运动路径上。运动路径可以是任意类型的样条线，也可以是多个样条线，使用多个样条线是控制运动对象在这些样条线的平均距离上的运动。

(1)　打开附盘文件（素材\第 7 章\路径约束\路径约束.max），在该项场景中有一个皮球和两条路径。

(2)　选择"皮球"对象，选择【动画】/【动画约束】/【路径约束】命令，单击"路径01"对象。这时活动时间段上会自动生成两个关键点，播放动画，皮球已经沿着路径运动，如图 7-56 所示。

> **要点提示**　注意这里使用菜单命令为皮球添加路径约束的方法同在【运动】面板上为皮球位置添加路径约束的方法效果完全一致，在本节的实例中将运用到此方法。

(3)　观察可以发现，皮球的运动还有些呆板，在打开的【运动】面板中的【路径参数】卷展栏下启用【跟随】复选项，并选择【Y】单选项，如图 7-57 所示。再次播放动画，观察发现此时皮球会跟随路径变化自动调整自身的位置。

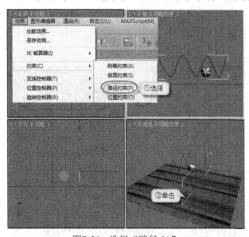
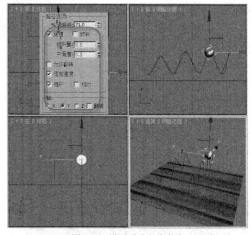

图7-56　选择"路径 01"　　　　　　　　　　图7-57　设置【路径参数】

(4)　接下来学习使用两条路径对皮球进行约束。在【路径参数】卷展栏下单击 添加路径 按钮，然后在视口中选择"路径 02"路径，可以发现皮球在两条路径中间运动，如图 7-58 所示。

(5)　在【路径参数】卷展栏下有【权重】选项，它可以控制路径对皮球的影响程度，在【目标 权重】分组框中选择"路径 01"，然后设置其【权重】值为"20"。再选择"路径02"，设置其【权重】值为"100"，再次观察效果，如图 7-59 所示。

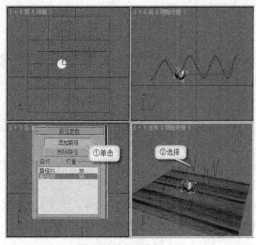
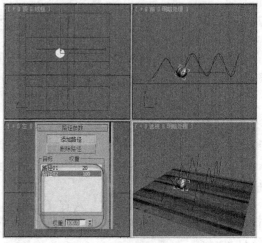

图7-58 选择"路径02" 图7-59 设置权重

二、 注视约束

注视约束会控制对象的方向使它一直注视另一个对象。同时它会锁定对象的旋转度，使对象一个轴点朝向目标对象。经常用这种方法来控制角色眼球的转动，摄影机环绕某个对象进行旋转等，下面通过一个简单的实例来学习它的具体用法。

(1) 重置 3ds Max 2012，在场景中创建一个茶壶、一个小球和一个平面（赋棋盘格贴图材质），如图 7-60 所示。

(2) 选择"茶壶"对象，选择【动画】/【约束】/【注视约束】命令，然后单击"小球"对象，如图 7-61 所示。

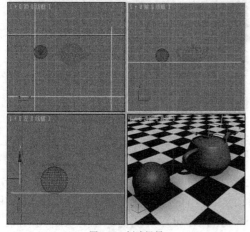
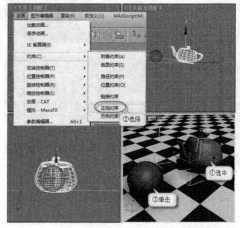

图7-60 创建场景 图7-61 设置权重

(3) 在添加注视约束之后，茶壶和小球的轴心连线上会出现一条浅蓝色的线，表示已经应用约束，对比图 7-60 和图 7-61 可以发现，这时茶壶发生了反向。在【运动】面板的【注视约束】卷展栏下启用【翻转】复选项，将其纠正，如图 7-62 所示。

(4) 观察图 7-61 和图 7-62 所示的窗口，发现茶壶已经不在平面上，它有一个向上偏移的角度，这是轴的原因，选择茶壶，进入【层次】面板，单击 仅影响轴 按钮，然后单击 居中到对象 按钮，将轴的中心移动到茶壶的中心，如图 7-63 所示，

(5) 移动小球，可以观察注视约束的动画效果，茶壶始终"注视"着小球的移动。

图7-62　调整注视轴

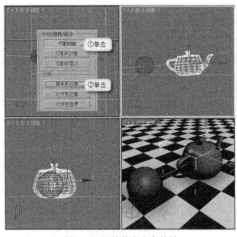

图7-63　调整茶壶本身的轴

7.3.2　范例解析——制作"直升机飞向夕阳"的效果

本案例将结合基本动画知识及动画约束中的路径约束来模拟直升机飞向夕阳的动画效果，效果如图 7-64 所示。

图7-64　效果图

【操作步骤】

1.　制作直升机螺旋桨的旋转效果。

(1)　打开附盘文件（素材\第 7 章\直升机飞向夕阳\直升机飞向夕阳_场景.max），如图 7-65 所示，场景中有 3 个对象，分别为飞行路径（样条线）、直升机模型和放置的摄影机。

(2)　选择直升机模型，选择【组】/【打开】命令，打开组，然后选中"主旋翼 01"对象，如图 7-66 所示。

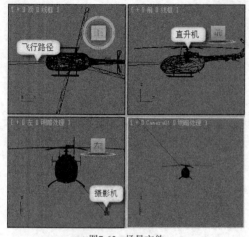

图7-65　场景文件

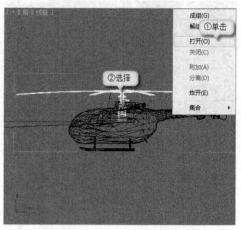

图7-66　打开【组】

(3)　单击 自动关键点 按钮，启动动画记录模式，移动时间滑块到第 180 帧，然后在前视口将"主旋翼01"对象绕 y 轴向右旋转 72000°，如图 7-67 所示，最后按 Enter 键确认。

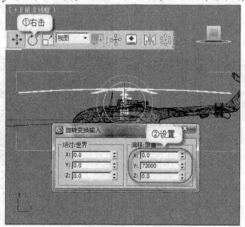

图7-67　旋转主旋翼

(4)　进入"主旋翼01"对象的【轨迹视图 - 曲线编辑器】窗口，找到"旋转"中的"Z轴旋转"，按住 Ctrl 键选择开始帧和结束帧，单击 按钮将功能曲线设置为线性，如图 7-68 所示。"主旋翼01"的旋转制作完成后，关闭动画记录模式。

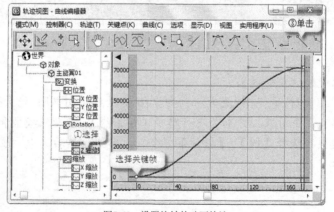

图7-68　设置旋转的动画轨迹

(5) 使用同样的方法，制作"尾翼 01"的旋转动画，效果如图 7-69 所示。制作完成后，选择【组】/【关闭】命令，关闭组。

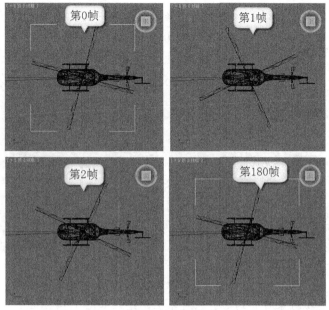

图7-69　旋转效果

2. 添加辅助对象并设置级别关系。

(1) 在【创建】面板顶部单击 □（辅助对象）按钮，然后单击 虚拟对象 按钮，在前视口中创建一个虚拟对象，在【修改】面板中设置【名称】为"飞鹰 01"，如 图 7-70 所示。

(2) 使用对齐工具 █，使虚拟对象对齐到直升机上，在弹出的【对齐当前选择】对话框中各参数设置如图 7-71 所示。

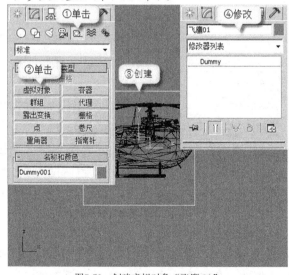

图7-70　创建虚拟对象"飞鹰 01"

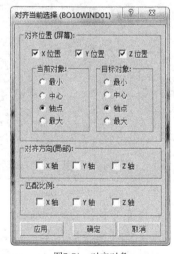

图7-71　对齐对象

(3) 选择直升机，在主工具栏上单击 █ 按钮，将鼠标移动到直升机上，按住鼠标左键并拖曳到"飞鹰 01"对象上，如图 7-72 所示。

(4) 使用同样的方法，为摄影机的目标点添加链接，链接的对象是"飞鹰 01"。

为摄影机的目标点添加链接时，可以先冻结直升机，等链接完成后再进行解冻，这样操作比较方便。

(5) 在前视口中创建第 2 个虚拟对象，在【修改】面板中设置【名称】为"飞鹰02"，使用对齐工具 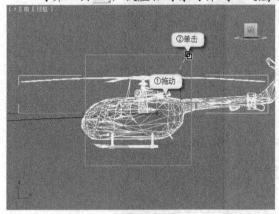，使虚拟对象对齐到"飞鹰01"对象上，结果如图 7-73 所示。

图7-72　创建链接

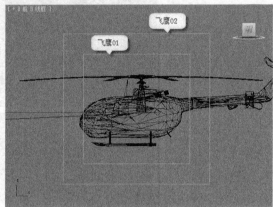

图7-73　创建虚拟对象"飞鹰02"

(6) 在左视口中创建第 3 个虚拟对象，【修改】面板中设置【名称】为"Dummy01"，使用对齐工具，使虚拟对象对齐到摄影机对象上，结果如图 7-74 所示。

(7) 使用同样的方法，为摄影机添加链接，链接的对象是"Dummy01"；为"Dummy01"添加链接，链接的对象是"飞鹰02"；为"飞鹰01"添加链接，链接的对象是"飞鹰02"。

(8) 在【图形编辑器】菜单中选择【新建图解视图（N）】命令，打开图解视图对话框，它们的链接关系如图 7-75 所示。

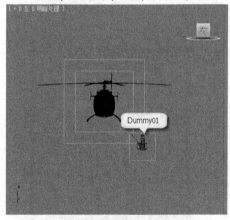

图7-74　创建虚拟对象"Dummy01"

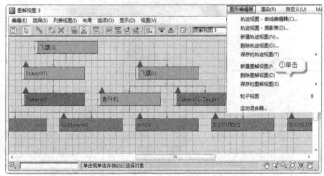

图7-75　链接关系

3. 制作直升机摆动的动画。

(1) 为了达到逼真的效果，还需要为直升机添加摆动的动画效果，由于直升机是链接到虚拟对象"飞鹰01"上，如果直升机需要摆动，只需要对虚拟对象制作动画即可。

(2) 单击 自动关键点 按钮，启动动画记录模式，移动时间滑块到第 30 帧，在左视口将"飞鹰01"对象绕 x 轴逆时针旋转 5°，如图 7-76 所示。

(3) 移动时间滑块到第 0 帧，将"飞鹰01"对象沿 x 轴顺时针旋转 5°，如图 7-77 所示。

要点提示　在切换关键帧时，使用时间轴上的【关键帧切换】 ◄► 工具，可以方便地进行关键帧的切换操作。

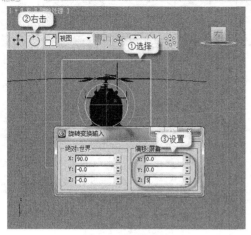

图7-76　逆时针旋转

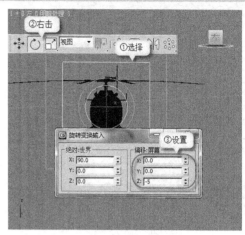

图7-77　顺时针旋转

(4)　选择第 0 帧，使用移动工具配合 Shift 键将其复制到第 60 帧、第 120 帧和第 180 帧，如图 7-78 所示。

(5)　选择第 30 帧，使用移动工具配合 Shift 键将其复制到第 90 帧和第 150 帧，如图 7-79 所示。

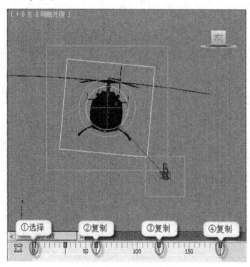

图7-78　复制关键帧

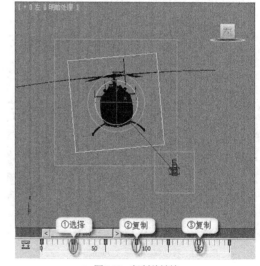

图7-79　复制关键帧

(6)　下面制作直升机向上飞的动画效果，移动时间滑块到第 100 帧，单击 ⊶ 按钮，在第 100 帧处插入关键帧，如图 7-80 所示。

(7)　移动时间滑块到第 180 帧，在前视口中将 "飞鹰 01" 对象向上移动一定的距离，如图 7-81 所示。

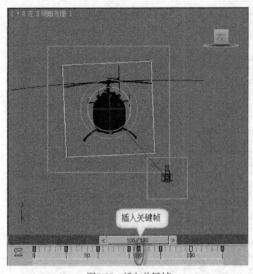

图7-80 插入关键帧

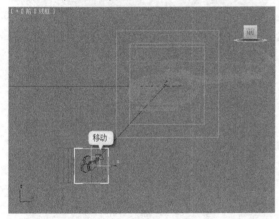

图7-81 移动位置

(8) 制作完成后，关闭动画记录模式。

4. 制作摄影机动画。

(1) 单击 自动关键点 按钮，启动动画记录模式，移动时间滑块到第 70 帧，在前视口将虚拟对象 "Dummy01" 移动到直升机的位置，如图 7-82 所示。

(2) 移动时间滑块到第 180 帧，在前视口将虚拟对象 "Dummy01" 移动到直升机的右方，如图 7-83 所示。

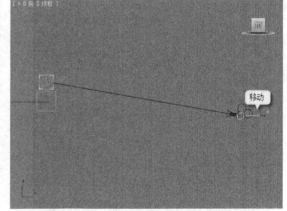

图7-82 移动虚拟对象 "Dummy01"

图7-83 移动虚拟对象 "Dummy01"

(3) 在摄影机窗口，移动时间滑块到第 80 帧，配合使用 ▷ 按钮和 ⌒ 按钮移动当前的视口，结果如图 7-84 所示。

(4) 在摄影机窗口，移动时间滑块到第 0 帧，配合使用 ▷ 按钮和 ⌒ 按钮移动当前的视口，结果如图 7-85 所示。

图7-84　第 80 帧处摄影机视野位置

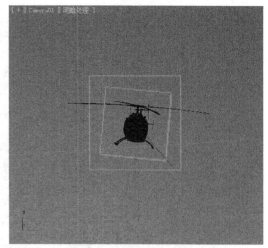

图7-85　第 0 帧处摄影机视野位置

(5)　在摄影机窗口，移动时间滑块到第 120 帧，配合使用 ▷ 按钮和 ✋ 按钮移动当前的视口，结果如图 7-86 所示。

(6)　移动时间滑块到第 180 帧，配合使用 ▷ 按钮和 ✋ 按钮移动当前的视口，结果如图 7-87 所示。

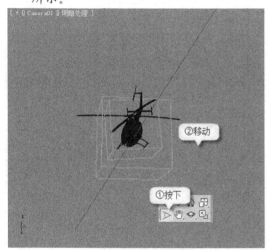

图7-86　第 120 帧处摄影机视野位置

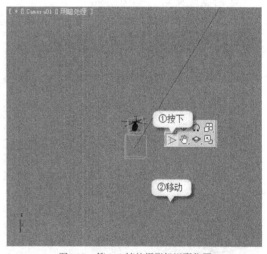

图7-87　第 180 帧处摄影机视野位置

(7)　制作完成后，关闭动画记录模式。

5.　添加路径约束。

(1)　下面制作直升机的飞行路径动画，分析可知，直升机是链接到"飞鹰 02"虚拟对象上的，只需要为虚拟对象添加路径约束即可。

(2)　在顶视口中，选择"飞鹰 02"对象，选择【动画】/【约束】/【路径约束】命令，单击场景中绘制的"飞行路径"对象，如图 7-88 所示。

(3)　进入【运动】面板，在【路径参数】卷展栏中选择【跟随】复选项，如图 7-89 所示。

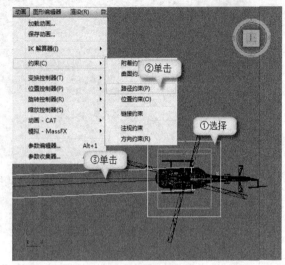

图7-88 添加路径约束

图7-89 选择【跟随】复选项

6. 设置灯光。

(1) 切换活动视口到顶视口，单击创建面板中的灯光按钮，选择泛光灯，在顶视口中创建两盏泛光灯，如图 7-90 所示。

(2) 在左视口中移动两盏灯光，使灯光位于左上角和右上角，如图 7-91 所示。

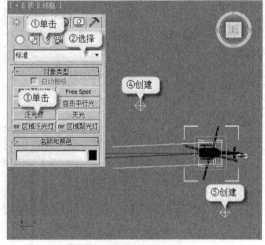

图7-90 创建灯光

图7-91 移动灯光

(3) 进入修改面板，在【强度/颜色/衰减】卷展栏中调整两盏灯光的倍增参数均为 "0.5"。

7. 渲染动画。

(1) 用鼠标右键单击其中一个对象，在弹出的快捷菜单中选择【全部取消隐藏】命令，显示场景中所有的对象。如图 7-92 所示。

(2) 按 F10 键，打开【渲染设置】窗口，设置【时间输出】为 "活动时间段：0 到 180"，设置输出大小为 "480×384"，如图 7-93 所示，设置渲染器为 "默认扫描线渲染器"，并设置保存的格式和路径，然后进行动画渲染。

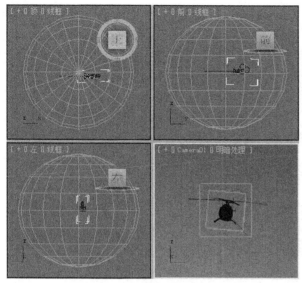

图7-92　显示所有对象后的效果

图7-93　【渲染设置】窗口

至此，本实例制作完成。

7.4　实训——制作"环游会议室"的效果

本案例将为场景添加一个摄影机，利用注视和路径约束为摄影机制作出一个环游会议室的动画效果，效果如图 7-94 所示。

图7-94　效果图

【操作步骤】

1.　打开素材文件。

(1)　打开附盘文件（素材\第 7 章\环游会议室\环游会议室_场景.max），如图 7-95 所示。场景中是一个构建完整的会议室模型，在透视视口中还可以看到贴图效果。

(2)　为了提高显示的刷新频率，选择【视图】/【视口中的材质显示为】/【没有贴图的明暗处理材质】命令将视口中的材质贴图关闭，效果如图 7-96 所示。

在使用 3ds Max 时，如果视图的贴图材质显示过多，当调整或改变视图时经常会遇到卡屏或需要等待很长时间才能显示，这时可以采用此方法进行调整。

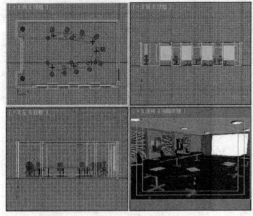
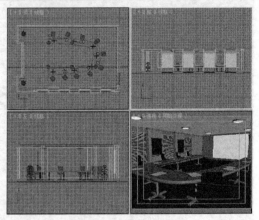

图7-95　素材文件　　　　　　　　　　　　　　　图7-96　关闭贴图显示

2.　添加摄影机。

(1)　单击【创建】面板上的＿＿自由＿＿按钮，在前视口上任意位置单击一下，便创建了一部自由摄影机，如图 7-97 所示。

(2)　选中创建的自由摄影机，单击鼠标右键激活透视视口，选择【创建】/【摄影机】/【从视图创建摄影机】命令，系统将会把刚才创建的自由摄影机和激活的透视视口进行对位操作。

(3)　在透视视口中按 C 键将视口转换为摄影机视图，如图 7-98 所示。

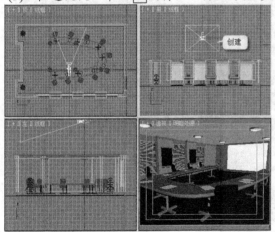
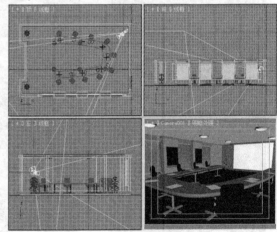

图7-97　创建摄影机　　　　　　　　　　　　　　图7-98　调整摄影机

3.　制作摄影机动画。

(1)　为摄影机添加注视约束，选中摄影机，进入【运动】面板，在【指定控制器】卷展栏中为旋转指定一个注视约束，如图 7-99 所示。

这里为摄影机制作一个环游会议室的动画，模仿一个摄影师在会议室中进行摄影操作。

(2) 在【注视约束】级别下单击 <u>添加注视目标</u> 按钮，选择名为"Box01"（线框图为绿色，可以使用"按名称选择"）的对象，并设置相应的参数，如图 7-100 所示。

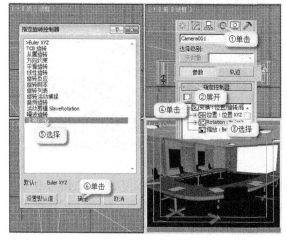

图7-99　添加注视约束

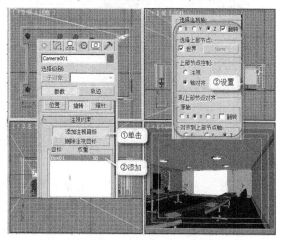

图7-100　设置注视约束参数

(3) 在当前的会议室中制作一个沿着路径运动的虚拟体，首先绘制路径，单击【创建】面板上的 <u>线</u> 按钮，在顶视口中绘制一条路径，如图 7-101 所示。

要点提示 使用线工具绘制路径后，进入修改面板选择"顶点"层级，然后选择线上的全部顶点，单击鼠标右键，在右键菜单中选择【平滑】命令，最后再适当调整曲线的形状，使曲线过渡光滑自然。

(4) 单击【创建】面板上的 <u>虚拟对象</u> 按钮，在顶视口中创建一个虚拟对象，位置在路径的起始位置，如图 7-102 所示。

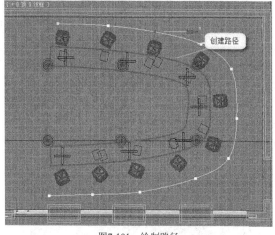

图7-101　绘制路径

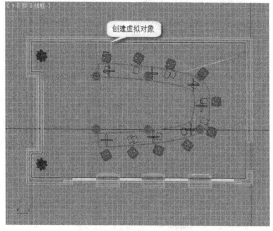

图7-102　创建虚拟对象

(5) 选择虚拟对象，进入【运动】面板，在【指定位置控制器】面板中为位置指定一个路径约束，如图 7-103 所示。

(6) 在【路径参数】卷展栏下单击 <u>添加路径</u> 按钮，在顶视口中选择刚绘制的路径，如图 7-104 所示。

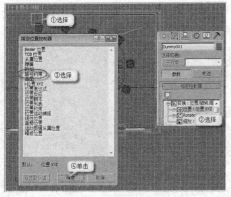

图7-103 添加路径约束

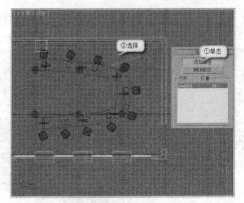

图7-104 选择路径

(7) 选择摄影机，在主工具栏上单击 按钮，再选择虚拟物体，将摄影机同虚拟对象对齐，但 z 轴方向不进行对齐操作，如图 7-105 所示。

(8) 制作摄影机跟随虚拟体操作。选中摄影机，在主工具栏上单击 按钮，再单击 按钮打开【按名称选择】对话框，选择虚拟对象 "Dummy001" 将二者链接在一起，如图 7-106 所示。

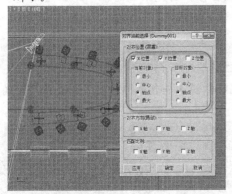

图7-105 添加路径约束

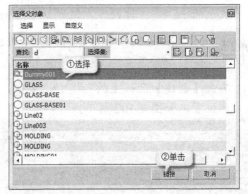

图7-106 链接摄影机和虚拟对象

(9) 移动时间滑块，发现摄影机视图有一个俯视的效果，而没有扛在肩上拍摄的效果。在左视口中调整摄影机的位置，使其与注视目标点水平，如图 7-107 所示。

(10) 最后显示视图中所有的贴图，如图 7-108 所示。

至此摄影机的约束动画制作完成。

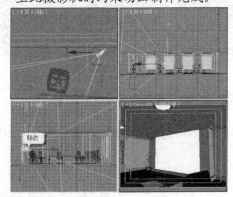

图7-107 移动摄影机

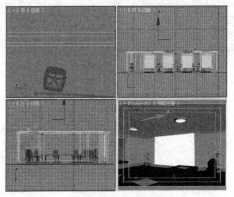

图7-108 显示所有贴图

4. 渲染动画。

按 F10 键，打开【渲染设置】窗口，设置【时间输出】为"活动时间段：0 到 100"，设置输出大小为"640×480"，设置渲染器为"默认扫描线渲染器"，并设置保存的格式和路径，然后进行动画渲染。

至此本实例制作完成。

要点提示 本实例的结果文件中还在会议室的中央放置了一个摄影机，其目的是环视四周的状况，读者可以自行练习。

7.5 学习辅导——认识 Biped（骨骼）

Biped 工具是创建两足动物的系统插件，利用它可以构建骨骼框架并使之具有动画效果，为制作角色动画做好准备。单击【创建】面板下的 按钮，再单击 Biped 按钮，在任意一个视口中按住鼠标左键并拖曳，视口中就会出现一个骨骼。如果是在透视视口或者摄影机视图中，用鼠标在参考网格上拖曳创建 Biped，它会自动站在网格平面上，如图7-109 所示。

单击鼠标右键结束创建模式，进入【运动】面板，在【Biped】卷展栏下激活 ![] 按钮，这时在面板下方会出现一个【结构】卷展栏，这里可以对创建好的骨骼进行参数设置，如图7-110 所示。

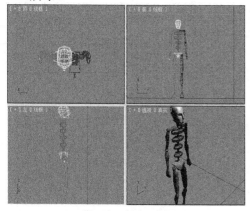

图7-109 创建 Biped

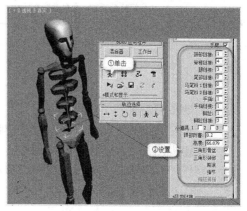

图7-110 修改 Biped 骨骼参数

Biped 骨骼非常灵活，可以使用移动、旋转和缩放等工具编辑出各种动物的骨骼结构，如图 7-111 所示。

图7-111 非人类结构

【Biped】卷展栏下的工具主要用于控制 Biped 对象的不同工作模式、保存 Biped 专用信息文件，详细功能如表 7-5 所示。

表 7-5 　　　　　　　　　　　　　　　　　【Biped】卷展栏

属性名称	功能介绍
体形模式 🏃	在该模式下可以调整 Biped 对象的结构和形状。另外给网格物体添加蒙皮后，激活该按钮，Biped 对象会临时关闭动画，恢复到原始状态，并允许用户对它的形状进行修改以适配网格对象
足迹模式 👣	该选项用来创建和编辑足迹，当足迹模式被激活时，在【运动】面板上会多出两个附加的卷展栏，【足迹创建】和【足迹操作】卷展栏
运动流模式 🏃	使用运动流模式可以进行运动脚本的编辑修改，可以对多个动作进行链接、动作间的过渡等操作。也可以对运动捕捉的动作进行剪辑操作。激活该按钮，会多出一个【运动流】卷展栏
混合器模式 🐾	激活该模式会让所有用混合器编辑的运动流临时生效，并会多出一个【混合器】卷展栏
Biped 播放 ▶️	实时播放场景中所有 Biped 对象的动画，当激活该按钮时，Biped 对象将以线条形式显示，并且场景中其他对象都是不可见的
加载文件 📂	根据 Biped 对象的工作模式不同，打开文件的格式也不一样，在【体形模式】打开 ".fig" 格式的文件；在【足迹模式】打开 ".bip" 或者 ".stp" 格式的文件
保存文件 💾	单击该按钮，会弹出【另存为】对话框。可以将文件保存成 ".flg"、".bip" 和 ".stp" 格式的文件
转化 🔄	将足迹动画转化成自由形式的动画。这种转换是双向的。根据相关的方向，显示【转换为自由形式】对话框或【转换为足迹】对话框
移动所有模式 📐	该按钮被激活时，会自动选择质心，并弹出一个偏移设置对话框，在这里可以使两足动物与其相关的非活动动画一起移动和旋转，其中的 ⬚塌陷 按钮是把当前的位移或者旋转值恢复到 0，再操作会以当前位置为起始点

7.6　思考题

1. 简要说明动画的工作原理。
2. 什么是关键帧，在动画制作中关键帧有何用途？
3. 轨迹视图在动画制作中有何用途？
4. 制作约束动画时，为什么要将虚拟物体与对象绑定在一起？
5. 制作路径约束动画时，如何使对象受到多条路径的控制？

第8章 粒子系统与空间扭曲

3ds Max 2012 拥有强大的粒子系统，用于各种动画任务，如创建暴风雪、水流或爆炸等，常用于制作影视片头动画、影视特效、游戏场景特效，广告等。空间扭曲常配合粒子系统完成各种特效任务，没有空间扭曲，粒子系统将失去意义。

【学习目标】
- 明确粒子系统的含义和应用。
- 明确空间扭曲的含义和应用。
- 掌握常用粒子系统主要参数的含义及设置要领。
- 掌握常用空间扭曲的创建方法及其参数设置。

8.1 空间扭曲及其应用

空间扭曲可以看作是一种控制场景对象运动的无形力量，例如重力、风力和推力等。使用空间扭曲可以模拟真实世界中存在的"力效果"。在实际应用中，"空间扭曲"需要与"粒子系统"配合使用来创建丰富的动画效果。

8.1.1 基础知识——认识空间扭曲

空间扭曲是影响其他对象外观的不可渲染对象。空间扭曲能创建使其他对象变形的力场，从而创建出爆炸、涟漪、波浪等效果，如图 8-1 所示。

一、 "力"空间扭曲

"力"空间扭曲可以模拟环境中各种"力"效果，例如推力、阻力和风力等。

(1) "推力"空间扭曲。

对于粒子系统，"推力"将应用均匀的单向力，使得粒子在某一方向上加速或减速，如图 8-2 所示。

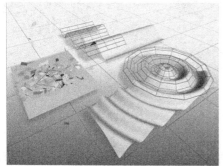

图8-1 空间扭曲

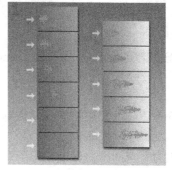

图8-2 "推力"空间扭曲

（2）　"马达"空间扭曲。

"马达"空间扭曲的工作方式类似于推力，但"马达"空间扭曲对受影响的粒子或对象应用的是转动扭矩而不是定向力，如图 8-3 所示。

（3）　"漩涡"空间扭曲。

"漩涡"空间扭曲将力应用于粒子系统，使它们在急转的漩涡中旋转，然后让它们向下移动成一个长而窄的喷流或者旋涡井。漩涡在创建黑洞、涡流、龙卷风和其他漏斗状对象时很有用，如图 8-4 所示。

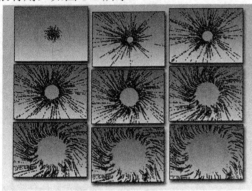

图8-3　"马达"空间扭曲

图8-4　"漩涡"空间扭曲

（4）　"阻力"空间扭曲。

"阻力"空间扭曲是一种在指定范围内按照指定量来降低粒子速率的粒子运动阻尼器，阻力在模拟风阻、致密介质（如水）中的移动、力场的影响以及其他类似的情景时非常有用，如图 8-5 所示。

（5）　"粒子爆炸"空间扭曲。

"粒子爆炸"空间扭曲能创建一种使粒子系统爆炸的冲击波，尤其适合"粒子类型"设置为"对象碎片"的"粒子阵列"系统。该空间扭曲还会将冲击作为一种动力学效果加以应用，如图 8-6 所示。

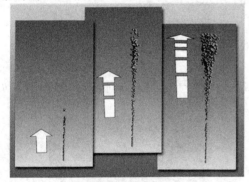

图8-5　"阻力"空间扭曲

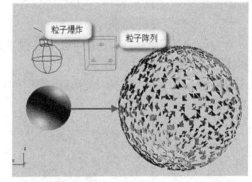

图8-6　"粒子爆炸"空间扭曲

（6）　"路径跟随"空间扭曲。

"路径跟随"空间扭曲可以强制粒子沿螺旋形路径运动，如图 8-7 所示。

（7）　"重力"空间扭曲。

"重力"空间扭曲可以在粒子系统所产生的粒子上对自然重力的效果进行模拟，从而使物体产生自重效果，如图 8-8 所示。

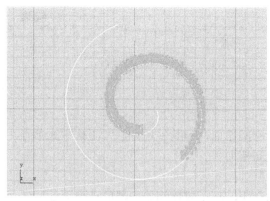

图8-7 "路径跟随"空间扭曲

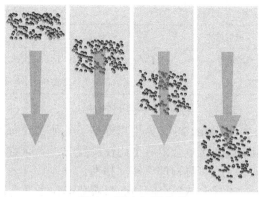

图8-8 "重力"空间扭曲

(8) "风"空间扭曲。

"风"空间扭曲可以模拟风吹动粒子系统所产生的粒子的效果，如图 8-9 所示。

(9) "置换"空间扭曲。

"置换"空间扭曲以力场的形式推动和重塑对象的几何外形。置换对几何体（可变形对象）和粒子系统都会产生影响，如图 8-10 所示。

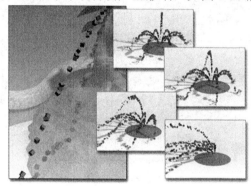

图8-9 "风"空间扭曲

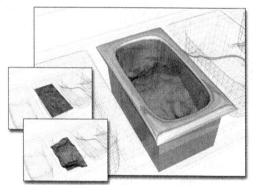

图8-10 "置换"空间扭曲

下面以"风"空间扭曲为例，对参数进行讲解，如表 8-1 所示（其他"力"空间扭曲的参数设置可以触类旁通）。

表 8-1　　　　　　　　　　　　"风"空间扭曲重要参数说明

参数名称	功能
强度	增加【强度】值会增加风力效果。小于"0.0"的强度会产生吸力
衰退	设置【衰退】值为"0.0"时，风力扭曲在整个世界空间内有相同的强度。增加【衰退】值会导致风力强度从风力扭曲对象的所在位置开始随距离的增加而减弱
平面	风力效果的方向与图标箭头方向相同，且此效果贯穿于整个场景
球形	风力效果为球形，以风力扭曲对象为中心向四周辐射
湍流	使粒子在被风吹动时随机改变路线
频率	当其设置大于"0.0"时，会使湍流效果随时间呈周期性变化。这种微妙的效果可能无法看见，除非绑定的粒子系统生成粒子数量很大
比例	缩放湍流效果。当【比例】值较小时，湍流效果会更平滑、更规则。当【比例】值增加时，湍流效果会变得更不规则、更混乱

参数名称	功能
指示器范围	当【衰退】值大于"0.0"时，可用此功能在视口中指示风力为最大值一半时的范围
图标大小	控制风力图标的大小，该值不会改变风力效果

二、"导向器"空间扭曲

3ds Max 2012为用户提供了多种"导向器"空间扭曲，但其使用方法及工作方式都存在相通性，这里介绍两个比较典型的"导向器"空间扭曲。

(1) "导向球"空间扭曲。

"导向球"空间扭曲起着球形粒子导向器的作用，粒子碰撞到导向器的球形图标后便会产生相应的运动变化（如反弹），如图8-11所示。

(2) "全导向器"空间扭曲。

"全导向器"是一种能让用户使用任意对象作为粒子导向器的全导向器，它可以拾取场景中的任意几何体作为导向器对象，使粒子与之发生碰撞，如图8-12所示。

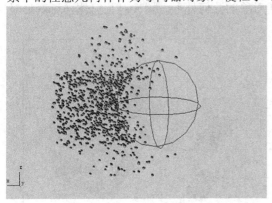

图8-11　"导向球"空间扭曲 　　　　　　　　　图8-12　"全导向器"空间扭曲

下面以"全导向器"空间扭曲为例，对参数作以讲解，如表8-2所示。

表8-2　　　　　　　　　　　"全导向器"空间扭曲重要参数说明

参数名称	功能
项目	显示选定对象的名称
拾取对象	单击该按钮，然后单击要用作导向器的任何可渲染网格对象
反弹	决定粒子从导向器反弹的速度。该值为"1.0"时，粒子以与接近时相同的速度反弹。该值为"0"时，它们根本不会偏转
变化	每个粒子所能偏离【反弹】设置的量
混乱度	偏离完全反射角度（当将【混乱度】设置为"0.0"时的角度）的变化量。设置为100%时会导致反射角度的最大变化为90°
摩擦	粒子沿导向器表面移动时减慢的量
继承速度	当该值大于"0"时，导向器的运动会和其他设置一样对粒子产生影响
图标大小	控制导向器图标的大小，该值不会改变导向器效果

8.1.2　案例解析——制作"蜡烛余烟"

【案例剖析】

本案例利用"超级喷射"粒子系统释放粒子，通过调节粒子数量、速度及大小等参数使粒子系统产生烟雾形状的粒子发射，在"风"空间扭曲的作用下，烟雾产生摇摆的效果，最终动画效果如图 8-13 所示。

图8-13　最终效果

【步骤提示】

1.　为蜡烛制作动画。

(1)　运行 3ds Max 2012。

(2)　打开制作模板。

按 Ctrl+O 键打开附盘文件"素材\第 8 章\蜡烛余烟\蜡烛余烟.max"。

- 场景中创建了墙壁、托盘和蜡烛，并为墙壁、托盘和蜡烛赋予了材质。
- 场景中创建了一个"烟"材质。
- 场景中创建了 4 盏灯光用于照明并烘托环境（灯光已隐藏，读者可在【显示】面板中取消灯光类别的隐藏）。
- 场景中创建了一架摄影机，用来对动画进行渲染（摄影机已隐藏，读者可在【显示】面板中取消摄影机类别的隐藏）。

模板场景如图 8-14 所示。

> 要点提示　空间扭曲和粒子系统常常配合使用，本例将使用粒子系统中的"超级喷射"来创建烟效果，这是一种最常见的粒子系统用法，下一节将继续介绍其应用技巧。

(3)　创建"烟"。

①　设置【创建】面板的创建类别为"粒子系统"。

②　单击 超级喷射 按钮。

③　在顶视口中按住鼠标左键并拖曳创建超级喷射。

④　将"超级喷射"对象重命名为"烟"。

⑤　在【移动变换输入】对话框中设置位置参数。

相关设置如图 8-15 所示。

图8-14　打开制作模板

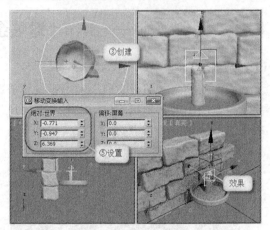

图8-15　创建"烟"

> **要点提示**　在顶视口创建超级喷射时，会无法看到所创建的图标，这是由于图标被托盘遮挡，为避免造成"丢失"，请读者创建完成后直接使用移动工具将其移出。

(4)　设置"烟"的参数。

①　选中"烟"对象。

②　在【修改】面板中设置参数。

　　相关设置如图8-16所示。

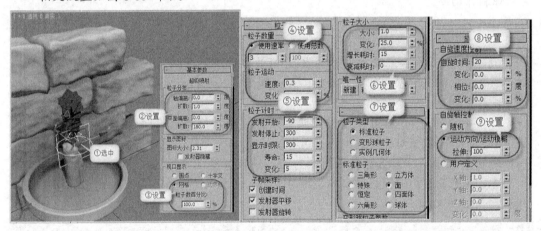

图8-16　创建并设置"烟"的参数

> **要点提示**　在制作烟、火等粒子动画时，常将粒子类型设为"面"，为粒子发射的面贴图形成所需特效。本案例中已将"烟"材质给出，读者可仔细研究其原理。
>
> 　　"超级喷射"粒子系统的图标大小相关问题：在创建超级喷射时改变图标大小仅仅影响图标本身的大小，与所发射的粒子无关，但是创建并修改粒子发射相关参数后再改变图标大小，会造成所发射粒子的形态也跟着改变，请读者注意这一点。

(5)　创建"风"。

①　在【创建】面板中单击 ≋（空间扭曲）按钮，然后选择类别为【力】。

②　单击 风 按钮。

③　在顶视口中创建风。

④ 在【移动变换输入】对话框中设置位置参数。

　　相关设置如图 8-17 所示。

(6) 设置"风"参数。

① 选中"风"对象。

② 在【修改】面板中设置参数。

　　最后获得的设计效果如图 8-18 所示。

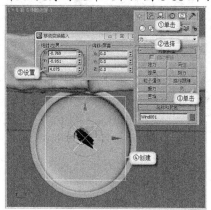

图8-17　创建"风"

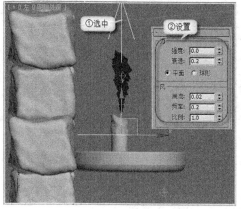

图8-18　设置"风"参数

> **要点提示**　在设置"风"参数时，将"强度"参数设为"0"是为了不使其对粒子有吹动作用，但这并不影响"风"的湍流效果，事实上本案例只需要"风"的湍流作用。

(7) 绑定"烟"到"风"。

① 单击主工具栏左侧的 按钮。

② 在"烟"图标上按下鼠标左键不放，将鼠标指针移动到"风"图标上，当指针形状变为 时，松开鼠标完成绑定。

③ 选中"烟"对象，查看其修改器堆栈状态，如图 8-19 所示。

> **要点提示**　在执行绑定操作时，为了防止选错对象，可以首先在工具栏单击 按钮，以"按名称选择"方式选中被绑定对象（本例为"烟"），然后单击 按钮，最后再单击 按钮，以"按名称选择"方式选中绑定到的对象（本例为"风"）。

2. 渲染设置。

(1) 为"烟"赋予材质。

① 选中"烟"对象。

② 在【材质编辑器】窗口中选中"烟"材
　 质球。

③ 单击 按钮将"烟"材质赋予"烟"
　 对象。

　　最后获得的设计效果如图 8-20 所示。

(2) 取消灯光类别的隐藏。

① 单击 按钮打开【显示】面板。

② 取消选择【灯光】复选项。

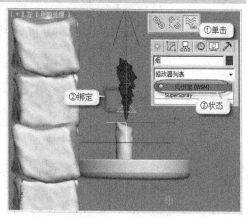

图8-19　绑定"烟"到"风"

最后获得的设计效果如图 8-21 所示。

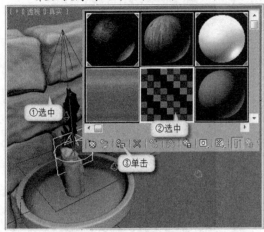
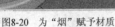

图8-20　为"烟"赋予材质

图8-21　取消灯光类别的隐藏

要点提示　场景中的灯光是在模板中已给出的，这里将灯光显示出来是为设置灯光对"烟"的照射，只需要其中一盏灯光对"烟"产生影响，下面将对此进行设置。

(3)　为灯光设置排除。

①　选中"Omin01"对象。

②　单击 ☑ 进入【修改】面板。

③　单击 排除... 按钮打开【排除/包含】界面。

④　在左侧栏目中选中"烟"对象。

⑤　单击 >> 按钮完成排除。

　　最后获得的设计效果如图 8-22 所示。

⑥　使用同样的方法为其他灯光设置排除，如图 8-23 所示。

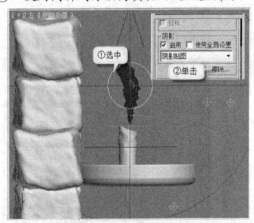

图8-22　设置"Omin 01"的排除

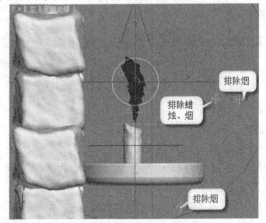

图8-23　为其他灯光设置排除

 为灯光设置排除后灯光将不予照射所排除对象。

(4)　使用"Camera01"摄影机视图渲染，即可得到如图 8-13 所示的动画效果。

(5)　按 Ctrl+S 键保存场景文件到指定目录，本案例制作完成。

8.2 粒子系统及其应用

粒子系统常用于制作云、雨、风、火、烟雾、暴风雨以及爆炸等效果，为动画场景增加更加生动逼真的自然特效。

8.2.1 基础知识——认识粒子系统

3ds Max 2012 提供了喷射、雪、超级喷射、暴风雪、粒子阵列和粒子云等粒子系统，以便模拟雪、雨、尘埃等效果，如图 8-24 所示。

一、雪粒子

使用雪粒子可以模拟雪花以及纸屑等飘落现象，如图 8-25 所示，在【创建】面板中单击 雪 按钮，然后在视口中按住鼠标左键并拖曳指针创建雪粒子，其主要参数设置如图 8-26 所示。

图8-24 粒子系统应用示例

图8-25 【创建】面板

- 【视口计数】：设置粒子在视口中显示的总数。
- 【渲染计数】：设置在渲染效果图中渲染的粒子总数。
- 【雪花大小】：设置粒子的尺寸大小，默认值为 "2"。
- 【速度】：设置粒子离开发射器的速度，其值越大，速度越快。
- 【变化】：设置雪花飘落的范围，其值越大，下雪的范围越广泛。
- 【翻滚】、【翻滚速率】：其值越大，雪花的形状样式越多。
- 【雪花】、【圆点】、【十字叉】：设置视口中显示的雪花形状。
- 【六角形】、【三角形】、【面】：设置渲染时粒子的显示方式。
- 【开始】：设置粒子开始出现的帧数，默认值为 0，可以设置为负值，使动画开始前即开始出现粒子。
- 【寿命】：设置粒子从开始到消失所经历的动画帧数，默认值为 30。
- 【恒定】：选择后，粒子寿命结束后持续下落到动画结束。
- 【宽度】、【长度】：设置粒子发生器大小，从而决定粒子飘落的长度和长度范围。
- 【隐藏】：选择后将隐藏粒子发生器（一个矩形图标）。

二、喷射粒子

喷射粒子主要用于模拟飘落的雨滴、喷射的水流以及水珠等。下面简要介绍其用法。

(1) 在图 8-25 中单击 [　喷射　] 按钮，然后在顶视口中按住鼠标左键并拖曳指针创建喷射图标。

(2) 按照如图 8-27 所示设置粒子参数。

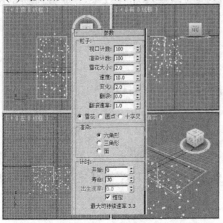

图8-26　创建雪粒子

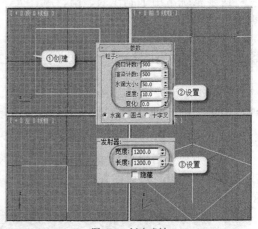

图8-27　创建喷射

(3) 拖动时间滑块即可看到类似下雨的效果，如图 8-28 所示。

要点提示　"超级喷射"是"喷射"的一种更强大、更高级的版本，"暴风雪"同样也是是"雪"的一种更强大、更高级的版本。它们都提供了后者的所有功能以及其他一些特性。

三、　"超级喷射"粒子系统

"超级喷射"是喷射粒子的升级，能够反射受控制的粒子喷射，且只能以自身的图标为发射器对象，超级喷射从中心发射粒子，与喷射器图标大小无关，图标箭头指示方向为粒子喷射的初始方向，如图 8-29 所示。

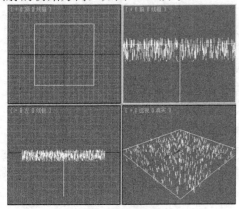

图8-28　喷射效果

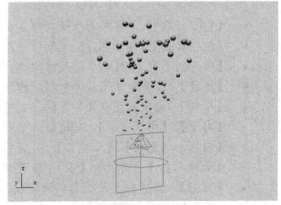

图8-29　"超级喷射"粒子系统

四、　"暴风雪"粒子系统

"暴风雪"粒子系统由一个面发射受控制的粒子喷射，且只能以自身的图标为发射器对象，可以产生变化更为丰富的雪粒子效果，如图 8-30 所示。

五、　"粒子云"粒子系统

如果希望使用粒子"云"填充特定的体积，可以使用"粒子云"粒子系统。粒子云可以创建一群鸟、一个星空或一队在地面行军的士兵。它可以使用场景中任意具有深度的对象作为体积，如图 8-31 所示。

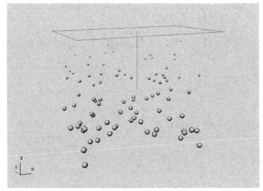

图8-30　"暴风雪"粒子系统

图8-31　"粒子云"粒子系统

六、　"粒子阵列"粒子系统

"粒子阵列"粒子系统可将粒子分布在几何体对象上。常用于创建复杂的对象爆炸效果，如图 8-32 所示。"粒子阵列"粒子系统可按不同方式将粒子分布在几何体对象上，如图 8-33 所示。

图8-32　"粒子阵列"粒子系统

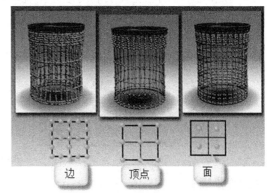

图8-33　"粒子阵列"的粒子分布

下面以"粒子阵列"粒子系统为例对重要参数作以介绍，如表 8-3 所示。

表 8-3　　　　　　　　　　"粒子阵列"粒子系统重要参数说明

参数名称	功能
粒子分布	此组中的选项确定标准粒子在基于对象的发射器曲面上最初的分布方式。如果在"粒子类型"卷展栏中选择了"对象碎片"，则这些控件不可用
粒子类型	● 　变形球粒子：彼此接触的球形粒子将会互相融合。主要用于制作液体效果 ● 　对象碎片：使用发射器对象的碎片创建粒子。只有粒子阵列可以使用对象碎片，主要用于创建爆炸或破碎动画 ● 　实例几何体：拾取场景中的几何体作为粒子，实例几何体粒子对创建人群、畜群或非常细致的对象流非常有效 一个"粒子阵列"粒子系统只能使用一种粒子。不过，一个对象可以绑定多个粒子阵列，每个粒子阵列可以发射不同类型的粒子
碰撞后消亡	粒子在碰撞到绑定的导向器（例如导向球）时消失
碰撞后繁殖	在与绑定的导向器碰撞时产生繁殖效果
消亡后繁殖	在每个粒子的寿命结束时产生繁殖效果

续表

参数名称	功能
方向混乱	指定繁殖的粒子的方向可以从父粒子的方向变化的量。将粒子的数量设置大些，此项目效果的观察将会很明显
速度混乱	可以随机改变繁殖的粒子与父粒子的相对速度
缩放混乱	对粒子应用随机缩放
繁殖拖尾	在每帧处，从现有粒子繁殖新粒子，但新生成的粒子并不运动

8.2.2 案例解析——制作"野外篝火"

【案例剖析】

"粒子阵列"粒子系统可将粒子分布在几何体对象上，根据这一特性，本案例将粒子分布于"圆球几何体"表面，用"风"空间扭曲将粒子"吹起"达到自然的火焰攒动效果，再利用"阻力"空间扭曲控制"火焰"的攒动幅度，使得火焰动画非常逼真。而火焰攒动时周围环境忽明忽暗的感觉需要利用灯光实现，渲染输出的最终效果如图 8-34 所示。

图8-34 最终效果

【操作步骤】

1. 制作粒子动画。

(1) 运行 3ds Max 2012。

(2) 打开制作模板。

按 Ctrl+O 键打开附盘文件"素材\第 8 章\野外篝火\野外篝火.max"。

- 场景中为火炭、木棍、地面设置了材质，并给出了火焰材质。
- 场景中对模拟火焰攒动的照明效果设置了灯光动画（灯光已隐藏，读者可在【显示】面板中取消灯光类别的隐藏）。
- 场景中创建了一架摄影机，用来对篝火动画进行渲染（摄影机已隐藏，读者可在【显示】面板中取消摄影机类别的隐藏）。

模板场景如图 8-35 所示（模板中地面

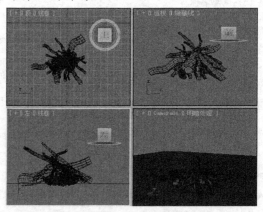

图8-35 打开制作模板

会显示黑色，这是灯光设置的正常结果）。

(3)　创建"火球"。

①　在顶视口创建一个球体。

②　将"球体"对象重命名为"火球"。

③　在【修改】面板中设置半径参数。

④　在【移动变换输入】对话框中设置位置参数。

⑤　最终的设计效果如图 8-36 所示。

(4)　创建"粒子阵列"粒子系统。

①　选择【创建】面板的创建类别为【粒子系统】。

②　单击 粒子阵列 按钮。

③　在顶视口中创建粒子阵列。

④　将"粒子阵列"对象重命名为"粒子阵列"。

⑤　进入【修改】面板设置其参数。

最后获得的设计效果如图 8-37 所示。

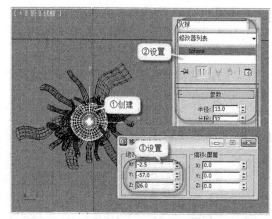

图8-36　创建"火球"

要点提示

"粒子阵列"粒子系统的图标大小与位置不影响动画效果。

单击 拾取对象 按钮可直接在场景中通过鼠标左键单击完成对象的选择。

本案例中，粒子的位移通过"风"空间扭曲完成，因此将"粒子运动"组中的参数全部设置为零。

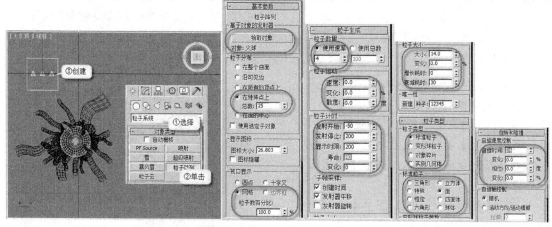

图8-37　创建"粒子阵列"粒子系统

(5)　创建"风-引力"空间扭曲。

①　在【创建】面板单击 按钮，然后选择创建类别为【力】。

②　单击 风 按钮。

③　在顶视口中创建风。

④　将"风"对象重命名为"风-引力"。

⑤　在【修改】面板中设置参数。

⑥ 在【移动变换输入】对话框中设置位置参数。

　最后获得的设计效果如图 8-38 所示。

(6) 绑定"粒子阵列"到"风-引力"。

① 切换到左视口，单击主工具栏左侧的 按钮。

② 在"粒子阵列"图标上按下鼠标左键不放，将鼠标指针移动到"风-引力"图标上，当指针形状变为 时，松开鼠标左键完成绑定。

③ 选中"粒子阵列"对象，查看其修改器堆栈状态。

　最后获得的设计效果如图 8-39 所示。

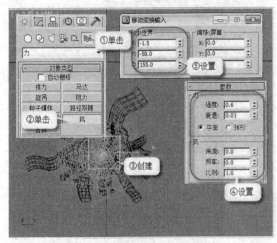

图8-38　创建"风-引力"空间扭曲

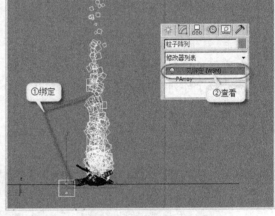

图8-39　绑定"粒子阵列"到"风-引力"

要点提示　本案例以"球形"为空间扭曲的作用形势，将"强度"设置为负值，衰退设置为正值，可使"风空间扭曲"形成一个具有"引力的球"，且其引力从图标的所在位置开始随距离的增加而减弱。若要使空间扭曲对粒子系统产生影响，必须使用"绑定到空间扭曲"工具 将粒子系统绑定到空间扭曲。

(7) 创建"风-湍流"空间扭曲。

① 在左视口中创建风。

② 将"风"对象重命名为"风-湍流"。

③ 在【修改】面板中设置参数。

④ 在【移动变换输入】对话框中设置位置参数。

　最后获得的设计效果如图 8-40 所示。

(8) 绑定"粒子阵列"到"风-湍流"。

① 选中"粒子阵列"对象。

② 在【修改】面板单击 PArray 。

③ 在【视口显示】分组框中选择【圆点】单选项。

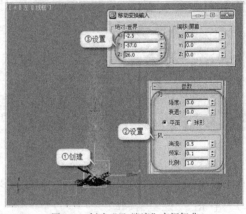

图8-40　创建"风-湍流"空间扭曲

④ 选中"火球"对象。

⑤ 在视口的空白区域单击鼠标右键弹出快捷菜单，选择【隐藏当前选择】命令。

⑥　单击主工具栏左侧的 ▨ 按钮。

⑦　将"粒子阵列"绑定到"风-湍流"空间扭曲。

　　最后获得的设计效果如图8-41所示。

(9)　恢复绑定时的隐藏及修改。

①　选中"粒子阵列"粒子系统。

②　在【修改】面板单击 PArray 。

③　在【视口显示】分组框中选择【网格】单选项。

④　在视口的空白区域单击鼠标右键弹出快捷菜单，选择【全部取消隐藏】命令。

　　最后获得的设计效果如图8-42所示。

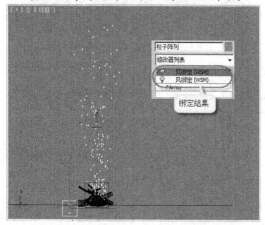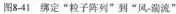

图8-41　绑定"粒子阵列"到"风-湍流"

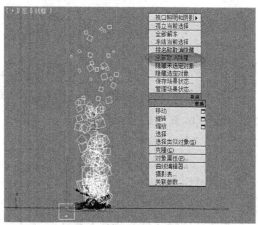

图8-42　恢复绑定时的隐藏及修改

 本案例中共创建了两个"风"空间扭曲——"风-引力"和"风-湍流"。

"风-引力"主要起到催动粒子向上舞动的作用。

"风-湍流"提供粒子舞动的随机性，使粒子的运动更自然。

当读者认真分析制作思路时，可能会有这样的疑问：为什么要设置两个"风"空间扭曲，且"风-引力"只设置了"力"参数，"风-湍流"只设置了"风"参数？

这是由于当将"风"空间扭曲的图标设置为"球形"时，其作用力与其位置有关，为达到粒子向上飞舞，并从底部就开始随机舞动的效果，必须分开设置。

(10)　创建并绑定"阻力"空间扭曲。

①　设置【创建】面板中的创建类别为【力】。

②　单击 阻力 按钮。

③　在顶视口中创建阻力。

④　将"阻力"对象重命名为"阻力"。

⑤　在【修改】面板中设置参数，如图8-43所示。

⑥　将"粒子阵列"绑定到"阻力"空间扭曲。

⑦　选中"粒子阵列"对象，查看其修改器堆栈状态。如图8-44所示。

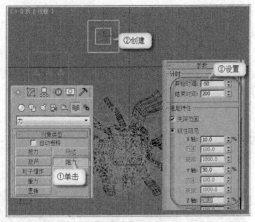

图8-43 创建阻力

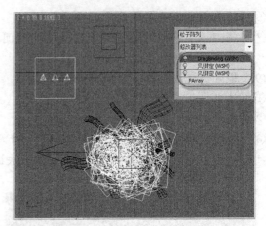

图8-44 绑定"粒子阵列"到"阻力"

零点提示

"阻力"空间扭曲起到控制火焰舞动幅度的作用。

【阻尼特性】分组框中的【X轴】、【Y轴】、【Z轴】3个选项分别控制相应轴向的阻力。

2. 为粒子赋予"火焰"材质。

(1) 取消"火球"的可渲染性。

① 单击 按钮使用"按名称选择"方式选中 "火球"对象。

② 在视口的空白区域单击鼠标右键弹出快捷 菜单,选择【对象属性】命令打开【对象属 性】对话框。

③ 取消选择【可渲染】复选项(请注意激活 【渲染控制】/ 按对象 按钮)。

④ 单击 确定 按钮,如图 8-45 所示。

(2) 为粒子赋予"火焰"材质。

① 选中"粒子阵列"对象。

② 按 M 键打开【材质编辑器】窗口。

③ 选择"火焰"材质。

④ 单击 按钮将"火焰"材质赋予"粒子阵 列"对象,如图 8-46 所示。

最后完成的场景如图 8-47 所示。

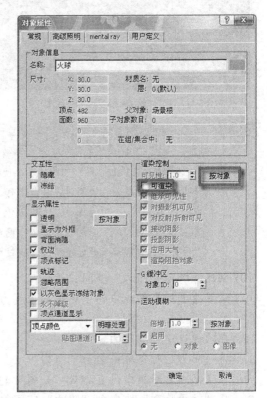

图8-45 取消"火球"的可渲染性

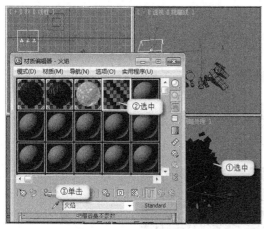

图8-46　为火焰赋予材质

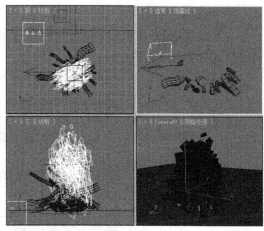

图8-47　最终场景

(3)　使用 "Camera01" 摄影机视图渲染，即可得到如图 8-34 所示的动画效果。

> **要点提示**　"粒子阵列" 粒子系统除制作这类火焰效果外，还常用于制作爆炸效果，这都源于 "粒子阵列" 的一个特性——可以将粒子规律或随机地分布在网格对象上。读者可利用这一优势尝试将粒子分布在几何体上，用粒子模拟几何体外形，而后将其 "炸开"，配合爆炸时的火焰贴图即可完成爆炸效果。

(4)　按 Ctrl+S 键保存场景文件到指定目录，本案例制作完成。

8.3　实训——制作 "夜空礼花"

【案例剖析】

本案例利用 "超级喷射" 粒子系统释放粒子，调节 "粒子繁殖" 类参数形成各种礼花形状，通过 "粒子年龄" 贴图使得礼花从绽放到消散有着颜色的动态变化，这大大增加的烟花的绚烂程度与真实度，最后在【Video Post】中添加 "镜头效果光晕"，使礼花在绽放的过程中形成一定的辉光达到理想效果，如图 8-48 所示。

图8-48　最终效果

【步骤提示】

1.　为 "礼花 01" 制作动画。

(1)　运行 3ds Max 2012。

239

(2) 打开制作模板。

按 Ctrl+O 键打开附盘文件"素材\第8章\夜空礼花\夜空礼花.max"。

- 场景中设置了建筑群。
- 场景中创建了3个礼花材质和一个建筑材质。
- 场景中设置了镜头光晕效果。
- 场景中创建了一架摄影机，用来对动画进行渲染（摄影机已隐藏，读者可在【显示】面板中取消摄影机类别的隐藏）。

模板场景如图8-49所示。

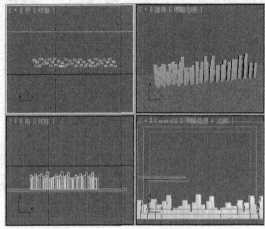

图8-49　打开制作模板

(3) 创建"礼花01"。

① 选择【创建】面板的创建类别为【粒子系统】。

② 单击 超级喷射 按钮。

③ 在顶视口中创建超级喷射。

④ 将"超级喷射"对象重命名为"礼花01"。

⑤ 在【移动变换输入】对话框中设置位置参数。

最后获得的设计效果如图8-50所示。

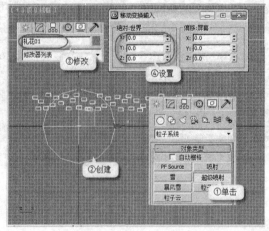

图8-50　创建"礼花01"

> **要点提示** 这里设置图标位置的本质是在设置烟花绽放的位置，因为烟花将从此图标中释放。

(4) 设置"礼花 01"的参数。

① 选中"礼花 01"对象。

② 在【修改】面板中依次设置粒子参数，具体参数如图 8-51 所示。

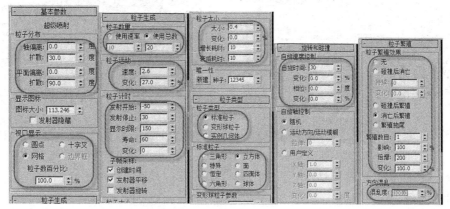

图8-51 设置"礼花 01"的参数

> **要点提示** 粒子产生球形爆炸的粒子效果是本案例的重点所在，初次尝试可能难以理解，下面将对此问题进行讲解。
>
> - 【寿命】与【消亡后繁殖】两个参数的设置使得粒子会在消亡后进行新粒子的繁殖。
> - 【繁殖数目】设为"1"使粒子只能繁殖一次。
> - 【倍增】设为"200"使粒子每次繁殖都能产生大量的新粒子，读者可调节此参数观察粒子量的变化。
> - 【变化】设为"100%"使粒子的繁殖量有所变化，效果更为自然。
> - 【混乱度】是产生球形爆炸的决定性参数，它指定繁殖的粒子的方向可以从父粒子的方向变化的量。事实上是一个指定新粒子运动方向的量。如果设为"100%"，繁殖的粒子将沿着任意随机方向移动，使得粒子的繁殖类似球形爆炸。读者可尝试设为"50%"，你会发现粒子的繁殖呈半球形爆炸。

(5) 创建"重力 01"。

① 选择【创建】面板的创建类别为【力】。

② 单击 重力 按钮。

③ 在顶视口中创建重力。

④ 将"重力"对象重命名为"重力 01"。

⑤ 在【修改】面板中设置参数。

最后获得的设计效果如图 8-52 所示。

(6) 绑定"礼花 01"到"重力 01"。

① 单击主工具栏左侧的 按钮。

② 在"礼花 01"图标上按下左键不放，将鼠标指针移动到"重力 01"图标上，当指针形状变为 时，松开鼠标左键完成绑定。

③ 选中"礼花 01"对象，查看其修改器堆栈状态。

最后获得的设计效果如图 8-53 所示。

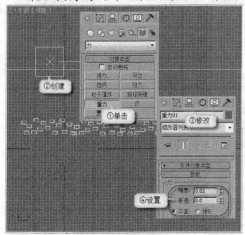

图8-52 创建"重力 01"

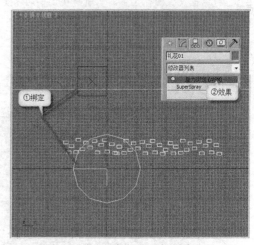

图8-53 绑定"礼花 01"到"重力 01"

(7) 设置"礼花 01"对象属性。

① 选中"礼花 01"对象。

② 在视口的空白处单击鼠标右键弹出快捷菜单。

③ 选择【对象属性】命令打开【对象属性】对话框。

④ 设置"礼花 01"对象 ID。

⑤ 设置运动模糊参数,如图 8-54 所示。

要点提示 拖曳动画控制区的时间滑块可以粗略看到礼花绽放的效果。

(8) 为"礼花01"赋予材质。

① 选中"礼花 01"对象。

② 选择【材质编辑器】窗口中的"礼花 01"材质球。

③ 单击按钮将"礼花 01"材质赋予"礼花 01"对象。

最后获得的设计效果如图 8-55 所示。

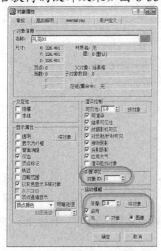

图8-54 设置"礼花 01"对象属性

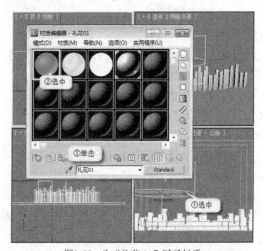

图8-55 为"礼花 01"赋予材质

为"礼花 01"设置 ID 是为使其与【Video Post】中的"镜头效果光晕"相对应。在【Video Post】中共设置了 4 个"镜头效果光晕",这些特效都是通过"对象 ID"与粒子系统链接。这就相当于寄信时必须填写地址,这里的"镜头效果光晕"就是信件,"对象 ID"为地址,"礼花 01"为收信人。

"礼花 01"材质中添加了"粒子年龄"贴图,它以百分比形式为粒子从出生到消亡提供了 3 种不同颜色的贴图,粒子的整个生命过程需从第 1 种颜色过渡到第 2 种颜色再到第 3 种颜色。此材质会使烟花更为绚烂。

2. 为"礼花 02"制作动画。

(1) 创建"礼花 02"。

① 在顶视口中创建"超级喷射"粒子系统。

② 将"超级喷射"对象重命名为"礼花 02"。

③ 在【移动变换输入】对话框中设置位置参数。

最后获得的设计效果如图 8-56 所示。

(2) 设置"礼花 02"的参数。

① 选中"礼花 02"对象。

② 在【修改】面板中设置参数。

参数设置如图 8-57 所示。

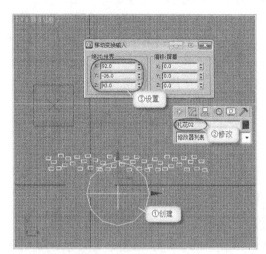

图8-56 创建"礼花 02"

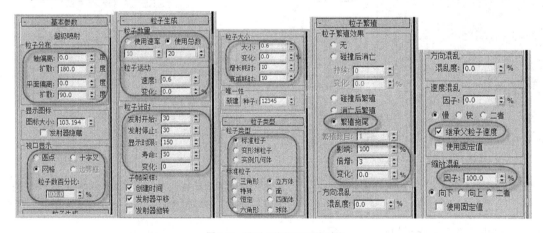

图8-57 设置"礼花 02"的参数

"烟花 02"与"烟花 01"最大的差别在于它们使用的粒子繁殖方式不同,【繁殖拖尾】是指在现有粒子寿命的每个帧,从相应粒子繁殖粒子,且繁殖的粒子的基本方向与父粒子的速度方向相反。这意味着粒子在不断向某个方向运动的同时,也在其尾部不断地繁殖新的粒子。【倍增】则控制着每个粒子繁殖的粒子数。方向混乱、速度混乱和缩放混乱控制所生成的新粒子在这 3 个因素上的变换量,以百分比控制。

(3) 创建并绑定"重力 02"。

① 在顶视口中创建重力。

② 将"重力"对象重命名为"重力 02"。

③ 在【修改】面板中设置参数。

④ 绑定"礼花 02"到"重力 02"

⑤ 选中"礼花 02"对象，查看其修改器堆栈状态。

最后获得的设计效果如图 8-58 所示。

(4) 设置"礼花 02"对象属性。

① 选中"礼花 02"对象。

② 在视口空白处单击鼠标右键弹出快捷菜单。

③ 选择【对象属性】命令 对象属性(P)... 选项打开【对象属性】对话框。

④ 设置"礼花 02"对象 ID。

⑤ 设置运动模糊参数。

参数设置如图 8-59 所示。

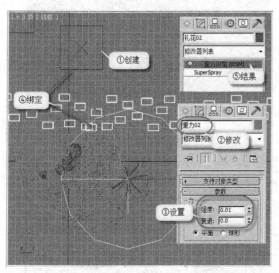

图8-58　创建并绑定"重力 02"

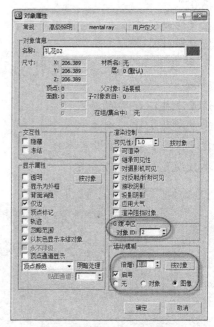

图8-59　设置"礼花 02"对象属性

要点提示　将"礼花 02"绑定到"重力 02"后，礼花呈现出优美的抛物线式运动，由于现实世界中处处存在重力的影响，因此在模拟现实时，经常会用到"重力"空间扭曲，请读者多加尝试。

(5) 为"礼花 02"赋予材质。

① 选中"礼花 02"对象。

② 选择【材质编辑器】窗口中的"礼花 02"材质球。

③ 单击 按钮将"礼花 02"材质赋予"礼花 02"对象。

最后获得的设计效果如图 8-60 所示。

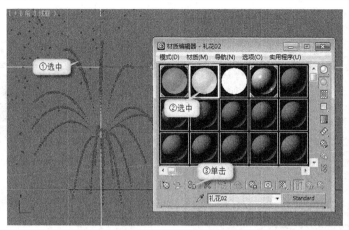

图8-60　为"礼花02"赋予材质

3. 　为"礼花03"制作动画。

(1)　创建"礼花03"。

①　在顶视口中创建名为"礼花03"的"超级喷射"粒子系统。

②　在【移动变换输入】对话框中设置位置参数。

③　在【修改】面板中设置参数，如图 8-61 所示。

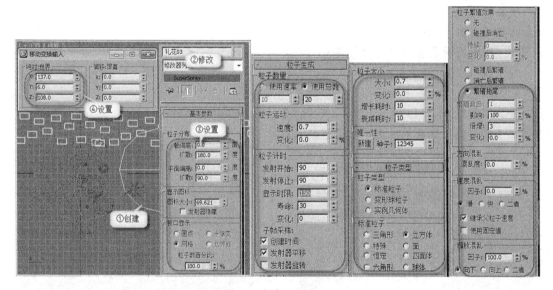

图8-61　创建"礼花03"

　　"礼花 03"与"礼花 02"在【速度】、【寿命】、【粒子大小】、【发射开始】、【发射停止】参数上存在差别。前面 3 个参数用于控制礼花光束的形状大小，后面两个用于控制礼花绽放的时间。这些参数读者可按照个人喜好自行调节。

(2)　绑定"重力02"并赋予礼花材质。

①　绑定"礼花03"到"重力02"，如图 8-62 所示。

②　将"礼花03"材质赋予"礼花03"对象。

　　最后获得的设计效果如图 8-63 所示。

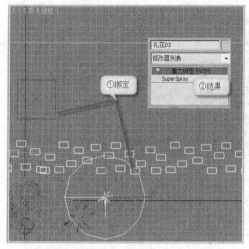

图8-62 将"礼花03"绑定"重力02"

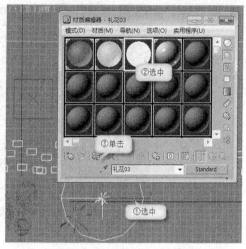

图8-63 为"礼花03"赋予材质

4. 丰富礼花动画。

(1) 克隆"礼花01"。

① 选中"礼花01"对象。

② 按住 Shift 键不放，使用鼠标左键将"礼花01"对象拖曳至另一位置，弹出【克隆选项】对话框。

③ 选择【复制】单选项完成克隆。

④ 将克隆所得对象重命名为"礼花01-1"。

最后获得的设计效果如图8-64所示。

(2) 设置"礼花01-1"参数。

① 选中"礼花01-1"对象。

② 在【移动变换输入】对话框中设置位置参数。

③ 在【修改】面板中设置参数。

最后获得的设计效果如图8-65所示。

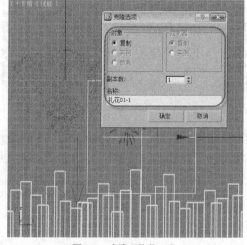

图8-64 克隆"礼花01"

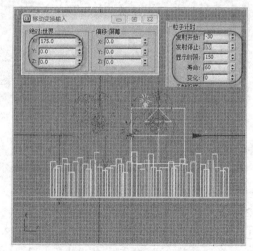

图8-65 设置"礼花01-1"参数

【轴偏离】/【扩散】是影响粒子远离发射向量的扩散，改变此参数会改变礼花爆炸的空间分布，使"礼花 01-1"与"礼花 01"的绽放有所区别。

【发射开始】控制粒子发射开始的时间，对此参数的调节会使礼花的绽放在时间上更有层次。

(3)　克隆其他礼花。

①　使用相同的方法对"礼花 02"和"礼花 03"进行克隆（此操作仅仅为了丰富画面，读者可按个人喜好设置位置及克隆对象，图 8-66 中列出了克隆对象及大致位置，仅供参考）。

②　设置克隆所得礼花的绽放时间（此操作仅仅为了使礼花绽放更有层次，读者可按个人喜好进行设置，图 8-66 中列出了各礼花对象的绽放时间，仅供参考）。

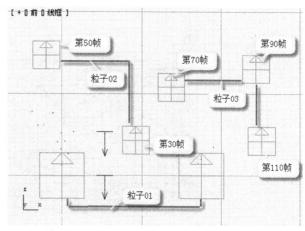

图8-66　克隆其他礼花

5.　渲染设置。

(1)　设置渲染文件保存位置。

①　单击【渲染】/【Video Post】打开【Video Post】界面。双击左侧的 礼花.tga 图标打开【编辑输出图像时间】对话框。

②　单击 文件... 按钮，如图 8-67 所示。

③　设置文件格式，如图 8-68 所示。然后单击 保存(S) 按钮，返回上级对话框中单击 确定 按钮。

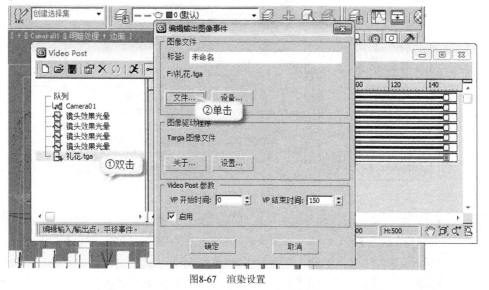

图8-67　渲染设置

247

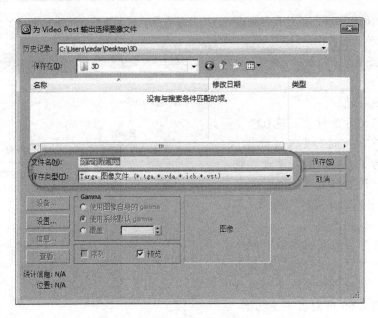

图8-68　输出设置

(2)　设置渲染参数。

① 单击【渲染】/【Video Post】打开【Video Post】界面。

② 选中"Camera01"。

③ 单击✕按钮。

④ 设置渲染参数，如图 8-69 所示。

⑤ 单击　　渲染　　按钮开始渲染，即可得到如图 8-48 所示的动画效果。

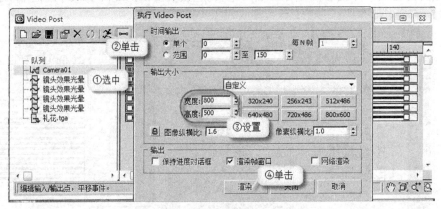

图8-69　渲染参数设置

　模板已在【Video Post】中设置了 4 个"镜头效果光晕"特效，读者可直接使用。

Camera01 指定【Video Post】输入事件，其中最主要的是为【Video Post】指定渲染窗口，本案例中模板预设为"Camera01"窗口，也可调整至其他窗口。

【Video Post】的渲染设置及渲染输出独立于 MAX 本身的【渲染设置】，想要实现【Video Post】中的"镜头效果光晕"设置，必须使用【Video Post】进行渲染。

(3)　按 Ctrl+S 键保存场景文件到指定目录，本案例制作完成。

8.4 学习辅导——了解 PF Source

PF Source 粒子流是一种新型、多功能且强大的粒子系统，使用一种名为"粒子视图"的特殊对话框来创建粒子。在该对话框中，可将一定时期内描述的粒子属性（如形状、速度、方向和旋转等）单独操作，然后将其合并到称为"事件"的组中。

按照与创建喷射粒子类似的方法创建 PF Source 后，切换至【修改】面板，其中包含了【设置】、【发射】、【选择】、【系统管理】和【基本】5 个卷展栏，其中【设置】和【发射】卷展栏主要用于设置粒子的属性和参数。在【设置】卷展栏单击 粒子视图 按钮即可打开【粒子视图】对话框，如图 8-70 所示。该对话框提供了用于创建和修改 PF Source 粒子系统的主窗口（即【事件】窗口），其中包含了描述"粒子"系统的粒子图表。"粒子"系统包含一个具有一个或多个"操作符"和测试的列表，操作符和测试统称为"动作"。

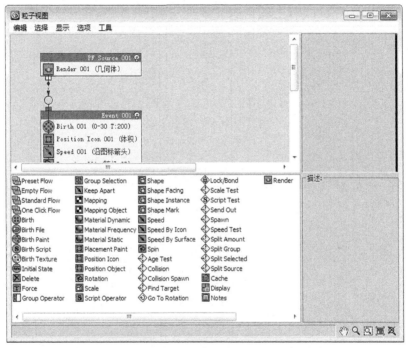

图8-70 【粒子视图】对话框

8.5 思考题

1. 简要说明空间扭曲的特点和应用。
2. 粒子系统主要有哪些类型，各有何用途？
3. 在不同视口中创建的"风"有何显著区别？
4. 制作烟雾、火焰和喷泉时，应分别使用哪种粒子系统？
5. 如何将粒子系统绑定到空间扭曲对象上？